老爸老妈最爱吃的家常菜

甘智荣 主编

黑龙江出版集团
黑龙江科学技术出版社

图书在版编目（CIP）数据

老爸老妈最爱吃的家常菜/甘智荣主编. —哈尔滨：黑龙江科学技术出版社，2015.1
ISBN 978-7-5388-8151-6

Ⅰ.①老… Ⅱ.①甘… Ⅲ.①家常菜肴－菜谱 Ⅳ.①TS972.12

中国版本图书馆CIP数据核字（2015）第012316号

老爸老妈最爱吃的家常菜
LAOBA LAOMA ZUIAICHI DE JIACHANGCAI

主　　编	甘智荣
责任编辑	刘　杨
策划编辑	朱小芳
封面设计	吴展新
出　　版	黑龙江科学技术出版社
	地址：哈尔滨市南岗区建设街41号 邮编：150001
	电话：(0451)53642106　传真：(0451)53642143
	网址：www.1kcbs.cn　　www.1kpub.cn
发　　行	全国新华书店
印　　刷	深圳雅佳图印刷有限公司
开　　本	723 mm×1020 mm　1/16
印　　张	15
字　　数	280千字
版　　次	2015年4月第1版　2015年4月第1次印刷
书　　号	ISBN 978-7-5388-8151-6/TS·575
定　　价	29.80元

【版权所有，请勿翻印、转载】

PREFACE 前言

下厨房,吃上瘾。家常菜的力量,让我们围聚到餐桌前。家常菜是家庭日常制作食用的菜肴,也是各地方风味菜系的组成。家常菜的做法简单,不需要精湛的刀工和烹饪技巧,大家只需要参照菜肴的烹饪流程,即可利用家庭现有的调味品加工出一道属于自己的家常菜,滋味无穷,老少皆宜。

俗话说:民以食为天。人们通过饮食获得所需要的各种营养素和能量,维护自身健康。合理的饮食,充足的营养,能增强免疫力,预防多种疾病的发生发展,延长寿命,提高身体素质。近代医家张锡纯在《医学衷中参西录》中曾指出:食物"病人服之,不但疗病,并可充饥;不但充饥,更可适口,用之对症,病自渐愈,即不对症,亦无他患"。可见,食物本身就具有"养"和"疗"两方面的作用,而中医则更重视食物在"养"和"治"方面的特性。食疗是中国人的传统习惯,通过饮食达到调理身体、强壮体魄的目的。因此说,在我们平日的饮食中,不仅要吃我们爱吃的家常菜,还要吃对我们身体最有益的家常菜。

工作繁忙的我们,应该由缤纷的美食来为生活添上一抹动人的色彩。也许生活忙碌的您,正为没有那么多精力去为家人准备什么菜肴而操心——那么,就由这本书来帮助您吧!这是一本充满爱心的美食书,一道道让人垂涎的家常美味,献给亲

爱的老爸老妈，送给可爱的小宝贝，犒劳辛苦工作的爱人，更有对自己的关爱。来吧，让我们一起，为您和您爱的家人精心烹制出精致、美味、健康的爱心大餐！本系列书有以下几点特色。

　　角度新颖：这系列书突破了传统美食图书按食材种类、烹饪方法、保健功效等类型的分类方法，从关爱家人的角度，以老爸老妈、孩子、老公、老婆为分类对象，是一本充满爱心的美食书。

　　品种齐全：本系列书内容丰富、菜品齐全，分别介绍了烹饪的基础知识和适合老爸、老妈、孩子、老公、老婆的菜品，每本书收录了200余道家常菜的制作方法，道道经典、美味，让人垂涎。

　　讲解详细：书中每一款菜品都标明了原料、调料的精确用量及详细的步骤，有些经典的家常菜还配有5～6张制作过程的示范图片，即使是新手，只要翻开本书也能轻松上手，步步进阶，做出一桌让全家人胃口大开的美味菜肴。

　　书中列出的家常菜款式繁多，风格各异，希望大家能认真学习，然后给自己烹饪一道，享受一下自己的劳动成果，让您和家人"餐餐滋味好，顿顿营养全"。同时，在编撰的过程中，难免出现纰漏，欢迎广大读者提出宝贵的意见，祝愿大家身体安康，家庭幸福和睦。

CONTENTS 目录

PART 1 饮食健康与烹饪常识

老爸老妈最需要补充的营养素 002	家常菜怎么吃更营养 014
老爸老妈的四季饮食 006	不可不知的十种烹饪禁忌 016
给老爸老妈的营养忠告 008	制作肉类家常菜应该注意什么 018
做美味家常菜须掌握的七大要素 010	肉类饮食习惯与疾病 020
家常菜怎么做更好吃 012	

PART 2 清爽素菜

紫菜凉拌白菜心 022	芹菜炒香菇 028
珊瑚白菜 023	蒜蓉生菜 029
芥末白菜 023	炝炒生菜 029
胡萝卜丝炒包菜 024	蒸茼蒿 030
包菜炒肉丝 025	杏仁芹菜拌茼蒿 031
蒜蓉广东菜心 026	生拌茼蒿 032
芝麻菜心 026	蒜蓉茼蒿 032
枸杞拌菠菜 027	肉末空心菜 033

姜汁拌空心菜	034	蜜梨蒸南瓜	048
草菇扒芥菜	035	豆奶南瓜球	048
芥菜魔芋汤	036	黄瓜炒土豆丝	049
红椒炒西蓝花	037	茄汁黄瓜	050
爽口双花	037	丝瓜炒干贝	051
西蓝花玉米浓汤	038	丝瓜鸡蛋汤	051
蜂蜜蒸白萝卜	039	丝瓜炒花菜	052
杏仁白萝卜汤	039	豉香山药条	053
麦枣甘草白萝卜汤	040	橙香山药丁	054
白菜梗拌胡萝卜丝	041	韭菜山药条	054
胡萝卜拌粉丝	041	瓦罐莲藕汤	055
松仁胡萝卜丝	042	茄汁莲藕炒鸡丁	056
西红柿盅	043	洋葱炒芦笋	057
西红柿菠菜汤	043	南瓜炒洋葱	057
奶油西红柿	044	酱焖茄子	058
花菜炒西红柿	044	芦笋扒冬瓜	059
杏仁苦瓜	045	清炒芦笋	060
白果炒苦瓜	046	草菇烩芦笋	060
红枣酿苦瓜	046	竹笋炒鸡丝	061
芥蓝炒冬瓜	047	炝拌莴笋	062

酒酿马蹄	063	枸杞党参银耳汤	068
芦荟炒马蹄	063	百合枇杷炖银耳	069
红豆马蹄汤	064	木耳炒百合	070
茭白金针菇	065	茼蒿木耳炒肉	071
风味茭白	065	长寿菜	072
蚝油茭白	066	炒素什锦菜	072
酸菜芋头汤	067		

PART 3 美味畜肉

空心菜梗炒肉丝	074	越南蒜香骨	081
茶树菇核桃仁小炒肉	075	海带冬瓜炖排骨	082
肉丝烧花菜	076	酸甜茄汁焖排骨	082
芦笋口蘑炒肉丝	076	苦瓜黄豆排骨汤	083
佛手瓜炒肉片	077	苦瓜薏米排骨汤	084
瘦肉莲子汤	078	菜心炒腊肠	085
香菇白菜瘦肉汤	078	茶树菇炒腊肠	085
蒜香排骨	079	彩椒牛肉丝	086
糖醋排骨	080	蒜薹炒肉丝	087
豉汁排骨	081	家常牛肉片	088

苦瓜拌牛肉 …………………… 088	松仁炒羊肉 …………………… 099
黄瓜炒牛肉 …………………… 089	子姜炒羊肉丝 ………………… 100
胡萝卜炒牛肉 ………………… 090	山楂马蹄炒羊肉 ……………… 100
玉米年糕炒牛肉 ……………… 090	苦瓜炒羊肉 …………………… 101
菠萝蜜炒牛肉 ………………… 091	枸杞羊肉汤 …………………… 102
山楂菠萝炒牛肉 ……………… 092	羊肉胡萝卜丸子汤 …………… 103
果味牛肉 ……………………… 093	白菜羊肉丸子汤 ……………… 104
香葱牛肉 ……………………… 093	海参羊肉汤 …………………… 104
滑蛋牛肉 ……………………… 094	酸奶烩羊肉 …………………… 105
翡翠牛肉粒 …………………… 095	水晶羊肉 ……………………… 105
芦笋牛肉粒 …………………… 095	红枣板栗焖兔肉 ……………… 106
菠萝牛肉盅 …………………… 096	手撕兔肉 ……………………… 107
西湖牛肉羹 …………………… 096	豌豆烧兔肉 …………………… 108
山药牛肉汤 …………………… 097	兔肉汤 ………………………… 109
牛肚汤 ………………………… 097	杏鲍菇炖兔肉 ………………… 109
香菜炒羊肉 …………………… 098	兔肉萝卜煲 …………………… 110

PART 4 可口禽蛋

蒜香鸡块 ……………………… 112	彩椒木耳炒鸡肉 ……………… 114
木耳炒鸡片 …………………… 113	豌豆苗炒鸡片 ………………… 115

西蓝花炒鸡片	115	苦瓜焖鸡翅	131
芙蓉鸡片	116	山药胡萝卜鸡翅汤	131
上海青炒鸡片	117	菠萝炒鸭丁	132
芦荟百合松仁鸡丁	117	滑炒鸭丝	133
茭白鸡丁	118	莴笋玉米鸭丁	134
鸡丁萝卜干	119	胡萝卜豌豆炒鸭丁	135
桃仁鸡丁	119	鸭肉炒菌菇	135
香菜炒鸡丝	120	西芹鸭丁	136
鸡丝凉瓜	121	银耳鸭汤	137
莲藕炖鸡	122	莴笋烧鹅	138
五彩鸡肉粒	123	腐竹烧鹅	139
土豆烧鸡块	123	大鹅焖土豆	139
冬瓜蒸鸡	124	芋头焖鹅	140
青橄榄鸡汤	125	菌菇鸽子汤	141
茯苓胡萝卜鸡汤	126	佛手瓜炒鸡蛋	142
板栗枸杞炒鸡翅	127	萝卜缨炒鸡蛋	143
老干妈炒鸡翅	127	枸杞叶炒鸡蛋	143
番茄鸡翅	128	洋葱木耳炒鸡蛋	144
滑嫩蒸鸡翅	129	西葫芦炒鸡蛋	145
黄豆焖鸡翅	130	枸杞麦冬炒鸡蛋	145

木耳鸡蛋西蓝花 …………………… 146	葱花鸭蛋 …………………………… 151
芹菜炒蛋 …………………………… 147	茭白木耳炒鸭蛋 …………………… 151
西瓜翠衣炒鸡蛋 …………………… 147	鸭蛋炒洋葱 ………………………… 152
黄花菜鸡蛋汤 ……………………… 148	嫩姜炒鸭蛋 ………………………… 153
蚕豆西葫芦鸡蛋汤 ………………… 149	韭菜炒鹌鹑蛋 ……………………… 154
豌豆苗鸡蛋汤 ……………………… 150	

PART 5　鲜美水产

菠萝炒鱼片 ………………………… 156	茄汁鱿鱼卷 ………………………… 165
黄花菜蒸草鱼 ……………………… 157	苦瓜爆鱿鱼 ………………………… 166
茶树菇草鱼汤 ……………………… 158	糖醋鱿鱼 …………………………… 167
葱油鲫鱼 …………………………… 159	葱烧鱿鱼 …………………………… 167
清蒸鲫鱼 …………………………… 159	韭菜炒墨鱼仔 ……………………… 168
蛤蜊鲫鱼汤 ………………………… 160	醋拌墨鱼卷 ………………………… 169
茼蒿鲫鱼汤 ………………………… 161	金针菇炒墨鱼丝 …………………… 170
红烧鲢鱼块 ………………………… 162	海藻墨鱼汤 ………………………… 171
鱿鱼炒三丝 ………………………… 163	韭菜炒鳝丝 ………………………… 171
干煸鱿鱼丝 ………………………… 163	翠衣炒鳝片 ………………………… 172
脆炒鱿鱼丝 ………………………… 164	茶树菇炒鳝丝 ……………………… 173

竹笋炒鳝段	174	金沙蟹	188
大蒜烧鳝段	175	花蟹炒年糕	189
腊八豆香菜炒鳝鱼	175	干贝烧海参	189
竹笋烧黄鱼	176	笋烧海参	190
蒜烧黄鱼	177	桂圆炒海参	191
酱醋鲈鱼	178	芥菜牛蛙汤	192
家常鲈鱼	179	彩椒炒牛蛙	193
清炖枸杞鲈鱼汤	179	丝瓜炒蛤蜊	193
酸汤鲈鱼	180	莴笋炒蛤蜊	194
葱香带鱼	181	西葫芦炒蛤蜊	195
蒜香大虾	182	芋头蛤蜊茼蒿汤	195
马蹄豌豆炒虾仁	183	丝瓜蛤蜊豆腐汤	196
家常油爆虾	183	蛤蜊苦瓜汤	197
虾仁炒豆芽	184	韭菜炒螺肉	198
西芹木耳炒虾仁	185	素炒海带结	199
虾仁炒豆角	185	海带虾仁炒鸡蛋	199
虾仁苋菜汤	186	芸豆海带炖排骨	200
泡菜炒蟹	187		
桂圆蟹块	187		

PART 6　营养主食

苋菜炒饭 202	家常炒油面 216
茼蒿萝卜干炒饭 203	洋葱猪肝炒面 217
干贝蛋炒饭 204	炒乌冬面 217
雪菜虾仁炒饭 205	空心菜肉丝炒荞麦面 218
蛤蜊炒饭 205	肉丝包菜炒面 219
南瓜鸡肉红米饭 206	西红柿碎面条 219
三色饭团 207	蟹味酸椰面 220
萝卜青菜饭卷 208	茼蒿清汤面 221
红豆玉米饭 209	泥鳅面 222
绿豆薏米饭 209	南瓜鸡蛋面 223
凉薯糙米饭 210	鹌鹑蛋龙须面 223
鲈鱼西蓝花粥 211	牛肉粒炒河粉 224
藕丁西瓜粥 212	芹菜猪肉炒河粉 225
苦瓜胡萝卜粥 213	西红柿鸡蛋河粉 225
核桃蔬菜粥 213	白菜香菇饺 226
荞麦凉面 214	芝麻香芋饺 227
鸡蛋羹拌面 215	西葫芦蛋饺 228

PART 1

饮食健康与烹饪常识

人在不同的年龄阶段,生理状况、器官功能、心理等方面都会发生很大的变化,基于此,饮食的选择和安排也会呈现不同的特点。

要选择适合老爸老妈吃的菜,就要根据这一年龄层的生理特点和营养需求,把食物特性同身体状况、消化能力等因素结合起来,做到合理膳食。

此外,学习家常菜的烹饪常识也有助于我们对食材和饮食健康做进一步了解和认识,才能使老爸老妈吃得更好、更健康。

老爸老妈最需要补充的营养素

如果人体中缺乏某种必需的营养元素，对身体健康会有一定的影响。因此，了解老爸老妈需要补充的营养素及其作用和食物来源等有重要意义。中老年人须补充的营养物质有脂肪、碳水化合物、膳食纤维、蛋白质、维生素、矿物质等。

脂肪

中老年人身体内部的消化、新陈代谢要有能量的支持才能完成。这个能量的供应者就是脂肪。

脂肪是构成人体组织的重要营养物质，在大脑活动中起着重要的、不可替代的作用。脂肪具有为人体储存并供给能量，保持体温恒定及缓冲外界压力、保护内脏等作用，并可促进脂溶性维生素的吸收，是身体活动所需能量的最主要来源。

富含脂肪的食物有花生、芝麻、蛋黄、动物类皮肉、花生油、豆油等。要多选择含不饱和脂肪酸较多的植物性油脂，因为它可以降低血中胆固醇含量，并且维持血液、动脉和神经系统的健康。

碳水化合物

碳水化合物是人类从食物中取得能量最经济和最主要的来源。

食物中的碳水化合物分成两类：人可以吸收利用的有效碳水化合物如单糖、双糖、多糖和人不能消化利用的无效碳水化合物。碳水化合物是人体能量的主要来源，它具有维持心脏正常活动、节省蛋白质、维持脑细胞正常功能、为机体提供热能及保肝解毒等作用。

碳水化合物的食物来源有粗粮、杂粮、蔬菜及水果，包括大米、小米、小麦、燕麦、高粱、西瓜、香蕉、葡萄、核桃、杏仁、榛子、胡萝卜、红薯等。

膳食纤维

膳食纤维是一种不易被消化的食物营养素，主要来自于植物的细胞壁，包含纤维素、半纤维素、树脂、果胶及木质素等。

膳食纤维在保持消化系统的健康上扮演着重要的角色。摄取足够的膳食纤维可以预防心血管疾病、癌症、糖尿病等疾病。膳食纤维还有增加肠道蠕动、增强食欲、减少有害物质对肠道壁的侵害、促使排便通畅、减少便秘及其他肠道疾病的发生的作用。

膳食纤维的食物来源有糙米和精米，以及玉米、小米、大麦等杂粮。此外，根菜类和海藻类中膳食纤维含量也较多，如牛蒡、胡萝卜、薯类和裙带菜等。

蛋白质

蛋白质是组成人体的重要成分之一，约占人体重量的18%。

蛋白质是生命的物质基础，是机体细胞的重要组成部分，是人体组织更新和修补的主要原料。人体的每个组织，如毛发、皮肤、肌肉、骨骼、内脏、大脑、血液、神经、内分泌系统等都是由蛋白质组成的。随着年龄的增长，人体内蛋白质的分解代谢会逐步增加，合成代谢会逐步减少。因而，老爸老妈适当补充蛋白质对于维持机体正常代谢，补偿组织蛋白消耗，增强机体抵抗力，具有重要作用。

蛋白质的主要来源是肉、蛋、奶和豆类食品。含蛋白质多的食物包括：畜肉类，如牛、羊、猪、狗等；禽肉类，如鸡、鸭、鹌鹑等；海鲜类，如鱼、虾、蟹等；蛋类，如鸡蛋、鸭蛋、鹌鹑蛋等；奶类，如牛奶、羊奶、马奶等；豆类，如黄豆、黑豆等。此外，芝麻、瓜子、核桃、杏仁、松子等干果类食品的蛋白质含量也很高。

维生素A

维生素A的化学名为视黄醇,是最早被发现的维生素,是脂溶性维生素,主要存在于海产鱼类肝脏中。维生素A具有维持人的正常视力、维持上皮组织健全的功能,可保持皮肤、骨骼、牙齿、毛发健康生长。

富含维生素A的食物有鱼肝油、牛奶、胡萝卜、杏、西蓝花、木瓜、蜂蜜、香蕉、禽蛋、大白菜、荠菜、西红柿、茄子、南瓜、韭菜、绿豆、芹菜、芒果、菠菜、洋葱等。

维生素B_1

维生素B_1又称硫胺素或抗神经炎素,对神经组织和精神状态有良好的影响。维生素B_1是人体内物质与能量代谢的关键物质,具有调节神经系统生理活动的作用,可以维持食欲和胃肠道的正常蠕动以及促进消化。

富含维生素B_1的食物有谷类、豆类、干果类、硬壳果类,其中尤以谷类的表皮部分含量最高。蛋类及绿叶蔬菜中维生素B_1的含量也较高。

维生素B_2

维生素B_2又叫核黄素,是水溶性维生素,容易消化和吸收,被排出的量随体内的需要以及蛋白质的流失程度而有所增减。维生素B_2不会蓄积在体内,所以时常要以摄入食物或营养补品的方式来补充。只要不偏食、不挑食,中老年人一般不会缺乏维生素B_2。

维生素B_2可提高机体对蛋白质的利用率,促进生长发育,维护皮肤和细胞膜的完整性,具有保护皮肤毛囊黏膜及皮脂腺,消除口舌炎症,增进视力等功能。

维生素B_2的食物来源有奶类、蛋类、鱼肉类、禽肉类、谷类、蔬菜与水果等。

维生素C

维生素C又叫L-抗坏血酸,是一种水溶性维生素,普遍存在于蔬菜水果中。

维生素C可以促进伤口愈合、增强机体抗病能力,对维护牙齿、骨骼、血管、肌肉的正常功能有重要作用,还可以促进铁的吸收,改善贫血、提高免疫力。

维生素C主要来源于新鲜蔬菜和水果，水果中以柑橘、草莓、猕猴桃、枣等含量较高，蔬菜中以西红柿、豆芽、白菜、青椒等含量较高。

维生素D

维生素D又叫胆钙化醇、固化醇，是中老年人不可缺少的一种重要维生素。维生素D被称作阳光维生素，人体皮肤只要适度接受太阳光照射便不会匮乏维生素D。

维生素D是钙、磷代谢的重要调节因子之一，可以提高机体对钙、磷的吸收，促进生长和骨骼钙化，健全牙齿，并可防止氨基酸通过肾脏损失。

维生素D的来源并不是很多，鱼肝油、沙丁鱼、小鱼干、动物肝脏、蛋类，以及添加了维生素D的奶制品等都含有较为丰富的维生素D。其中，鱼肝油是最丰富的来源。另外，通过晒太阳也能获得人体所需的维生素D。

钙

钙是人体中最丰富的矿物质，是骨骼和牙齿的主要组成物质。而且，钙是构成人体骨骼和牙齿硬组织的主要元素，除了可以强化牙齿及骨骼外，还可维持肌肉神经的正常兴奋，调节细胞和毛细血管的通透性，强化神经系统的传导功能等。

含钙丰富的食物有：乳类与乳制品，如牛奶、羊奶、乳酪、酸奶；豆类与豆制品，如黄豆、豆腐等；海产品，如鲫鱼、鲢鱼、螃蟹、海带等；肉类与禽蛋，如羊肉、猪肉、鸡肉、鸡蛋、鸭蛋等；蔬菜类，如芹菜、上海青、胡萝卜、香菜等。

铁

铁元素是构成人体的必不可少的元素之一，主要和血液循环有关系，负责氧的运输和储存。中老年人如果缺铁可以影响细胞免疫和机体系统功能，降低机体的抵抗力。

铁元素在人体中具有造血功能，参与血蛋白、细胞色素及各种酶的合成，促进人体生长，还在血液中起运输氧和营养物质的作用。人的颜面泛出红润之美，离不开铁元素。人体缺铁可导致缺铁性贫血，使人的脸色萎黄，皮肤也会失去美丽的光泽。

铁元素在人体内含量很少，因此要靠食物来补充。食物中含铁丰富的有动物肝脏和肾脏、瘦肉、蛋黄、鸡、鱼、虾和豆类等，而绿叶蔬菜中含铁较多的有菠菜、芹菜、上海青、黄花菜、西红柿等，水果中则以樱桃、葡萄干、红枣等含铁较多。

老爸老妈的四季饮食

春温、夏热、秋凉、冬寒,四季的变化会给人体带来不同程度的影响,特别是身体功能正在逐渐趋于衰老的中老年人,对气候的变化尤为敏感。为了应对季节变化,除了要让老爸老妈注意穿衣保暖之外,还需按季节特点,为爸妈调理饮食,这将对他们的身体大有裨益。

春季饮食宜平补或清补

春季是各种流行病多发的季节,所以饮食的调理显得尤为重要。中医学认为,春季进补宜选用清淡且有疏散作用的食物,坚持平补或清补原则。其中,适合在春季平补的食物有小麦、荞麦、薏米等谷类,豆浆、豆腐等豆类,橘子、橙子、金橘等果类,这些食物以平为主,不寒不热,不腻不燥。

在春季,要根据老爸老妈的体质,为他们进行平补或清补。不同体质的中老年人,在选取食物时应该有针对性,如一些身体虚弱、胃弱、消化吸收能力差的人或阴虚不足者、肢冷畏寒者应选用凉性的食物来清补,如马蹄、紫菜、海带、绿豆等。

夏季饮食宜素淡

夏季养生重在精神调摄,要保持愉快的心情,切忌大悲大喜,以免以热助热。

夏季的饮食应以素淡为主。在主食上,应让老爸老妈多吃清凉可口、容易消化的食物,例如粥就是不错的选择。而在搭配菜肴时,要以素为贵。选择新鲜、清淡的各种时令蔬菜,如瓜类、叶菜类、菌类等,都能带给老爸老妈一"夏"清凉。

当然，除了蔬菜，夏季也是水果当道的季节。水果不仅可以直接生吃，还能用来做各种饮品，既好吃，又解暑。不过，在追求清淡的同时，可不能忽视了蛋白质的摄入，还得以素为主，以荤为辅。另外，在烹饪菜肴时，应放些醋、大蒜和生姜等调味品。

秋季饮食宜凉润

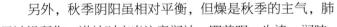

秋季气候干燥，此时饮食调补更加重要，但补充营养的同时也要防止摄入过多热能，以免导致身体不适。应合理安排，做到膳食平衡。

老爸老妈秋季进补宜平补，这是根据秋季气候凉爽、阴阳相对平衡而提出的一种进补法则。所谓平补，就是选用寒温之性不明显的平性滋补品。

另外，秋季阴阳虽相对平衡，但燥是秋季的主气，肺易被燥所伤，进补时应当注意润补，即养阴、生津、润肺。进补时可采取平补与润补相结合的方法，食用蜂蜜、水果等柔软、含水分较多的甘润食物，以达到养阴润肺的目的，能补养肺阴，防止因机体在肺阴虚的基础上，受燥邪影响产生疾病。

在整体上，要平衡摄取膳食，增加副食种类，适当多吃些有助于增强老爸老妈身体抵抗力的食物。

冬季饮食宜温热松软

冬季气候寒冷，寒气凝滞收引，人体气机、血运不畅，从而导致许多旧病复发或加重。所以冬季养生要注意防寒。

食物过寒，容易刺激脾胃血管，使血流不畅，而血量减少将严重影响其他脏腑的血液循环，有损人体健康；黏硬、生冷的食物多属阴，冬季吃这类食物易损伤脾胃；而食物过热易损伤食管，进入肠胃后，又容易引起体内积热而致病。因此，老爸老妈的冬季饮食宜温热松软。

根据冬季的季节特点，老爸老妈的冬季饮食在注重保持热量时，还应补充矿物质。还有就是要保温，保温则强调热能的供给，即多食含有蛋白质、脂肪或碳水化合物的肉类、蛋类、鱼类及豆制品等。

冬季干燥，老爸老妈可能常有鼻干、舌燥、皮肤干裂等症状，因此，在饮食中补充能有效保湿和缓解干裂的维生素B_2和维生素C十分有必要。

给老爸老妈的营养忠告

老爸老妈随着年龄的增长，机体的免疫力在逐渐减退，新陈代谢的能力也会逐渐降低，因此需要特别注意饮食营养和日常保健。饮食是否得当直接影响到身体健康，那么，老爸老妈在饮食上有哪些是可以保养身体的，有哪些又是不可取的呢？

老爸老妈每天应适量吃水果

水果是指部分可食用的植物果实和种子，通常多汁液且有甜味，含有丰富的营养，能促进消化。水果是人们日常生活中不可缺少的食物，它除了能补充人体所需要的多种维生素外，还含有丰富的膳食纤维，既可以促进胃肠蠕动和消化腺分泌，又能有效预防肠癌。所以，为了身体健康，老爸老妈每日适量吃些水果是非常必要的。

但是，水果却常被中老年人忽略。根据相关调查显示，在我国中老年人中，不管是男性还是女性，每天吃的水果基本不足两种，有些地区的中老年人吃得更少甚至不吃。从营养学角度出发，这样对身体健康是极为不利的。

为了保证身体健康，建议老爸老妈每天至少吃350克的水果。

考虑到中老年人咀嚼能力的衰退，一些质地较软的水果，如香蕉、西瓜、水蜜桃、木瓜、芒果、猕猴桃等都很适合老爸老妈食用。

尤其是上了年纪的老爸老妈，食用水果时，可以把水果切成薄片或是以汤匙刮成水果泥食用。如果要打成果汁，就应该注意控制分量，适当加些凉开水稀释。

在爸妈的膳食中加点"藻"

据了解，海藻类食品含有的优质蛋白质、不饱和脂肪酸，正是糖尿病、高血压、心脏病患者所需要的，而身体内如果长期缺乏这些物质，就会影响疾病恢复和身体健康。

如海带中的甘露醇有脱水、利尿的作用，可治疗水肿、肾功能衰竭、药物中毒；紫菜中的牛磺酸可预防中老年人的大脑衰老。

人到中老年，身体内的微量元素流失速度加快，易导致微量元素缺乏症，而日常的饮食又不能完全满足人体对微量元素的需求，此时就可以尝试多食用些海藻类食品，如紫菜、龙须菜、裙带菜、马尼藻、海带等，以使体液保持弱碱性，还能帮助增强抗病能力。

此外，海藻类食品还能滤除锶、镭、镉、铅等致癌物质，有预防癌症的功效，老爸老妈不妨多食用。

爸妈不宜长期只吃素不进荤

有相当一部分中老年人认为吃素对健康有益，可以长寿。但是，如果长期只吃素不进荤，则很容易就会造成营养不良。

人体所需的营养物质都是通过饮食摄入的，应该坚持荤素搭配，使人体摄入的营养全面均衡，从而达到养生延寿的目的。为了维持新陈代谢和日常生活的需要，人体必须每天从饮食中摄入足够的糖类、蛋白质、脂肪、维生素和矿物质。除了素食外，动物蛋白质也含有丰富的人体必需的氨基酸，营养价值极高，属于优质蛋白质，极易被人体吸收和利用。

纯素食品所含的蛋白质、脂肪等营养成分，不能满足机体新陈代谢的需要。而长期素食者，其机体长期得不到动物蛋白质的补充，会使体内营养素比例发生紊乱，蛋白质入不敷出，从而造成人体消瘦、贫血、消化不良、精神不振、记忆力下降、性功能和免疫功能降低、内分泌代谢功能发生障碍，并且容易感染疾病，加剧中老年人早衰。

做美味家常菜须掌握的七大要素

做菜大有学问，做家常菜更是不容小觑。怎样才能使你做的菜与众不同？家常菜怎样做才能既丰富又营养，还兼顾美味呢？掌握美味菜肴的七大要素，以上问题就都迎刃而解了！

原料

做菜离不开原料，而原料本身就有其固定的气味或滋味。比如：黄瓜的清香、羊肉的膻、鱼类的腥等，这是原料没遇热前的气味。当原料加热乃至烹调出成品后，味道又不一样了。这就是说，原料本身气味是菜肴口味的基础，如果想做清香淡雅的菜肴，便要选用青蔬绿叶作为原料；如果想做浓香味厚的菜肴，便用鸡鸭鱼肉作为原料。

原料初步加工

原料的初步加工范畴较大，如蔬菜择根、去杂、去斑、除叶，动物除脏、拔毛、去鳞、洗涤等。在这当中，除脏和洗涤对口味影响较大。比如将鱼刮鳞后要除脏。大家知道，鱼胆是苦的，在除脏时如不小心或取脏方法不得当，便很容易将鱼胆弄破，导致胆汁四溢，而其苦味也就自然渗透到菜肴中去了。

氽水

凉水锅氽水比热水锅氽水好。如白萝卜炖前切块放凉水锅内烧开，再如肠肚在烹调前放凉水锅内焯（紧）后捞出。这两种原料氽水为什么都用凉水锅呢？因为这两种原料异味、臭味较大，且异味、臭味会随着水温的升高而逐渐散发出来，流失在水中或释放在空气里。如果用热水锅氽水，那么原料表面骤然接触高温，会形成外膜。尽管这层外膜微不足道，但也会阻碍着内部异味、臭味的散发，削弱菜肴质量。

过油

过油是原料热处理的过程，凡是过油的原料，其成品都增香，这一点是普遍现象。有时也有特殊情况，原料过油后的口味会大为改观。比如有时原料买多了，或已过完第一遍油又没使用的"半成品"在第二天会有点异味，这时，只要将原料再过一遍油使用，菜肴口味便可基本如初。

调味

调味，简言之，是烹制菜肴时往锅（勺）中加入定量调味品调制的过程，它是决定菜肴口味的重要因素。

具体调味可在三个阶段进行。首先，在原料加热前调味，一般分两种方法，一种是将味调足，另一种是只将原料腌渍出底味而不多放调味品；其次，在原料加热中调味；最后，在原料加热后调味，这实际上也属于辅助性调味，有些菜肴本来味道不错，再追加一次调味品，口味更令人喜爱。

烹饪方法

纵观所有烹调方法，可以暂且将其归纳成速成菜烹调方法和迟成菜烹调方法。速成菜是指一般性的熘、炒、爆、煎类菜肴，是将原料放在锅（勺）内，大火烧片刻即可出锅，如熘豆腐、炒青椒、爆鸡肫、煎鸡蛋等，口味都侧重清鲜素雅；迟成菜是指一般性炖、烧、烩类菜肴，是将原料放在锅（勺）内小火长时间烹制，如猪排炖豆角、红烧鸡块、烩菜等，口味侧重浓郁芳香。

锅具

烹调菜肴主要有两大类的锅具，一类是铁锅、铁勺，另一类是铝锅、铝勺。

铁锅，锅身坐入灶台里，外面只剩下窄窄的锅檐。铝锅，只锅底吸热，锅身全部露在外面。铁勺和铝勺都坐在灶眼儿上，吸热情况基本一样，多用来制作速成菜，其成品风味也基本一样。

但是，如果用铁锅或铝锅加工同样的迟成菜肴，风味就大不一样了。迟成菜烹制时间较长，铁锅可以发挥吸热量大的优势，并充分利用余温来促进菜肴成熟，用火随便、大小自如，所制作出的菜肴不仅质地软而可口，而且入味均匀。铝锅则不然。它只是锅底吸热，也只是锅底原料相对直接受热来改变其性质，其他周围或浮在上面的原料只能借助锅底余温来间接受热。这样不仅成熟时间较慢，而且原料入味不均，最终会使菜肴质地欠佳。

家常菜怎么做更好吃

几乎每个家庭中每天都会做家常菜,但是怎么做才更好吃,就是一门学问了。了解家常菜烹饪的各种技巧和方法,对做出美味家常菜很有帮助。

调味品及其用量必须适当

调味品要由少到多慢慢地加,边加边尝,特别是在调制复合味时,要注意到各种味道的主次关系。比如,有些菜肴以甜酸为主,其他的为辅;有些菜肴以麻辣为主,其他的为辅。

保持风味特色

烹调菜肴时,必须按照菜肴的不同规格要求进行调味,要做到烧什么菜像什么菜,是什么风味就调什么风味,切不可随心所欲地进行调味,而将菜肴的口味混杂。

根据季节调节色泽和口味

人的口味随着季节变化也会有所不同,如天气炎热的夏季,人喜欢口味比较清淡的菜肴,而寒冷的冬季里则多喜欢浓厚肥美的菜肴。不仅如此,甚至在一天的早、中、晚三餐中,人对口味的需求都有所不同。在调味时,可在保持风味特色的前提下,灵活地进行调味。

根据原料的性质掌握调味

(1) 新鲜原料要突出本味

调味时不压主味,如新鲜的鸡、鸭、鱼、肉等,不要用太麻或太辣的调味品。此外,调味料不宜放太多,因为调味料放太多也会盖住食材的原味。

(2) 一些有腥膻气味的原料要除去异味

带有腥膻味的食材如果处理不当会影响食欲,适当除去异味有助于增加菜肴的美味度。如羊肉膻味、内脏臊味、鱼腥味等,可加一些料酒、醋、辣椒等。

(3) 味淡的原料要适当调味

有些原料本身无任何滋味,要适当进行调味,如白菜、黄瓜等。适量的调味料和汁液等能够为食材增加风味。

不同菜肴有不同的放盐顺序

盐作为菜肴的重要调料之一,在什么时候放,也是非常讲究的。

(1) 烹调前先放盐的菜肴

烧整条鱼或者炸鱼块的时候,在烹制前,先用适量的盐腌渍再烹制,有助于咸味的渗入。但是需要注意,在后面的烹饪中,如果还需要放入调料,尽量不要放太多,否则会使菜肴整体过咸。

(2) 在刚烹制时就放盐的菜肴

做红烧肉、红烧鱼块时,肉、鱼经煎炸后,即应放入盐及其他调味品,然后用大火烧开,再小火煨炖。

(3) 熟烂后放盐的菜肴

肉汤、骨头汤、蹄髈汤等荤汤,在熟烂后再放盐调味,这样才能使肉中蛋白质、脂肪较充分地溶在汤中,使汤更鲜美。

同理,炖豆腐时,也应当熟后放盐。

(4) 烹制快结束时放盐的菜肴

爆炒肉片、回锅肉、炒白菜、蒜薹、芹菜时,应在将全部食材煸炒透时再适量放盐,这样炒出来的菜嫩而不老,养分损失较少。

家常菜怎么吃更营养

吃菜不仅仅是为了填饱肚子，更重要的是吃出营养，使身体可以合理吸收营养。建立正确的吃菜观念、重视食物之间的合理搭配、通晓做菜的常识，是保证营养合理吸收的基础。下面就告诉大家关于家常菜怎么吃更营养的一些方法，让老爸老妈吃出美味，吃出健康！

吃要远"三白"、近"三黑"

人吃东西要讲究平衡，注重荤素搭配、酸碱平衡，主食和辅食都要吃。

远"三白"，就是远离糖、盐、猪油。

近"三黑"，则是要亲近木耳、紫菜、紫米。尤其是老年人，要对三个黑色的食物稍微亲近一点。这三种黑色的食物对中老年人保健养身有很好的帮助。

这就叫远"三白"、近"三黑"。

组合菜为你带来好营养

蔬菜中含有丰富的维生素、无机盐、纤维素和果酸等，是人体所需营养的重要来源。有人炒菜习惯单一地炒，其实，将几种蔬菜合在一起炒会更好。

营养互补：维生素C在深绿色蔬菜中最为丰富，而黄豆芽富含维生素B_2，若将黄豆芽炒菠菜，则两种维生素均可获得。

柿子椒中富含维生素C，胡萝卜中富含胡萝卜素，土豆中富含热量，若将三者合炒，则可达到营养互补。

增进食物的色、香、味：红色、绿色菜肴可促进食欲，若在莴苣中放入胡萝卜片、鲜红辣椒块，可令色泽鲜艳；若放入一些香菜，则可使菜变香。若放入番茄，还可使菜变成红色并有酸味，能促进食欲。

吃菜得法更营养

蔬菜中含有大量的膳食纤维、维生素、蛋白质、氨基酸以及微量元素等，所以，吃蔬菜时方法要得当，营养吸收才会更全面。

（1）吃饭时必先吃菜

因为蔬菜是保持人体营养均衡的重要菜肴之一，尤其是平时只愿吃主食不愿多吃蔬菜的人，更应先吃蔬菜，这样既能增强饱腹感，又可达到营养均衡的功效。

（2）能生吃的蔬菜不熟吃

就蔬菜而言，无论是炒、烧、熘、炖、炸、蒸等，都会使其中的维生素、矿物质、纤维素等营养成分遭到不同程度的损失和破坏，很多营养比较全面、均衡的食物因此而损失甚至失去了它的真正营养价值。

为了保持蔬菜的各种营养不受破坏，能生吃的蔬菜尽量不要熟吃。

（3）现吃现做

做熟的菜在室温下存放2小时，维生素C保留79.2%～100%，存放4小时，就降至72%。如在60℃中保存2小时，维生素C就只剩60.2%，保存4小时就降为43.4%左右。回锅重热，营养素也会损失。

不可不知的十种烹饪禁忌

健康烹饪，看似简单的家常厨房问题，其实却关乎家人的饮食安全、健康和营养。在家常烹饪的过程中，有一些禁忌是必须引起注意的。只有了解这些烹饪的禁忌和常识，我们才能够做出美味又健康的家常菜肴。

油锅不宜烧得过热

经常食用烧得过热的、用油炒的菜，人体容易产生低酸胃或胃溃疡，如不及时治疗，还会发生癌变。

肉、骨炖煮不宜加冷水

肉、骨含有大量蛋白质和脂肪，炖煮中突然加冷水，会使汤汁温度骤然下降，蛋白质与脂肪即会迅速凝固，肉、骨的空隙也会骤然收缩而不易熟烂，本身的鲜味也会受到影响。

未煮透的黄豆不宜吃

黄豆中含有一种会妨碍人体胰蛋白酶活动的物质，人吃了未煮透的黄豆，对黄豆蛋白质难以消化吸收，甚至会发生腹泻。而食用煮烂烧透的黄豆，则不会出问题。

炒鸡蛋不宜放味精

鸡蛋本身含有与味精相同的成分——谷氨酸。因此，炒鸡蛋时没有必要再放味精，因为味精会破坏鸡蛋中的天然鲜味。

冻肉不宜在高温下解冻

将冻肉放在火炉旁、沸水中解冻，由于肉组织中的水分不能迅速被细胞吸收而流出，就不能恢复其原来的品质。

此外，冻猪肉的表面在遇到高温时还会结成硬膜，影响肉内部温度的扩散，给细菌带来繁殖的机会，肉也容易变质。因此，冻肉最好在常温下自然解冻。

做酸性和碱性食物均不宜放味精

酸性食物放味精同时高温加热，味精会因失去水分而变成焦谷氨酸二钠，虽然无毒，却没有一点鲜味。在碱性食物中，味精（谷氨酸钠）会转变成谷氨酸二钠，失去鲜味。

反复炸过的油不宜食用

反复炸过的油，其热能的利用率只有一般油脂的1/3，而食油中的不饱和脂肪酸经过加热，还会产生各种有害聚合物，此类物质可使人体生长停滞，肝脏肿大。

另外，此种油中的维生素及脂肪酸均已被破坏。

吃茄子不宜去掉皮

维生素P是对人体很有用的一种维生素，在所有蔬菜中，茄子中所含的维生素P最高。而茄子中维生素P最集中的地方，是在其紫色表皮与肉质连接处。

因此，食用茄子应连皮一起吃，而不宜去皮。

蔬菜不宜久存

新鲜的青菜，买来家里后却放着不吃，便会慢慢损失一些维生素。如菠菜在20℃时放置一天，维生素C损失达84%。

若要保存蔬菜，应在避光、通风、干燥的地方贮存。

不宜丢弃含维生素最丰富的部分

例如豆芽，有人只吃上面的芽，却将豆瓣丢掉。事实上，豆瓣中的维生素C含量比芽部分多2~3倍。

再如做蔬菜饺子馅，把馅料中的菜汁挤掉，维生素会损失70%以上。正确的做法应该是，将蔬菜洗净、切好后，用食用油拌好，再加盐和其他调味品，这样可以使油包裹住蔬菜，馅就不至于出汤，就能使其中的维生素不致流失。

制作肉类家常菜应该注意什么

　　多吃素、少吃肉，有人以为这样便可以保持健康的身体和窈窕的身材，其实，只有均衡饮食才能令体魄强健。肉类是高密度的营养食物，当中的许多养分更是谷类和蔬菜所无法取代的。下面就为大家介绍制作浓香的肉类家常菜时最需要注意的细节。

肉块要适当切大一些

　　肉类都含有可溶于水的含氮物质，炖猪肉时含氮物质释出越多，肉汤味道越浓，肉块的香味则会相对减淡，因此炖肉的肉块要适当切大一些，以减少肉内含氮物质的外溢，这样肉味会更鲜美。

不要用大火猛煮

　　烹调肉类时不宜用大火猛煮。一是因为肉块遇到急剧的高热，肌纤维会变硬，肉块就不易煮烂；二是因为肉中的芳香物质会随猛煮时的水汽蒸发掉，使香味减少。

炖肉时记得少加水

　　在炖煮肉类时，要少加水，以使汤汁滋味醇厚。在炖煮的过程中，肉类中的水溶性维生素和矿物质溶于汤汁内，连汤一起食用，会减少营养损失。因此，在食用红烧、清炖及蒸、煮的肉类及鱼类食物时，应连汁带汤都吃掉。

肉类焖制营养最高

肉类食物在烹调过程中,某些营养物质会遭到破坏,而采用不同的烹调方法,其营养损失的程度也有所不同。如蛋白质,在炸的过程中损失可达8%~12%,而采用煮和焖则营养损耗较少;如B族维生素,在炸的过程中会损失45%,煮为42%,焖为30%。由此可见,肉类在烹调过程中,焖制营养损失最少。

另外,如果把肉剁成肉泥,加面粉等做成丸子或肉饼,其营养损失要比直接炸和煮减少一半。

吃肉不加蒜,营养减半

在动物性原料中,尤其是瘦肉,含有丰富的维生素B_1,但维生素B_1并不稳定,在体内停留的时间较短,会随尿液大量排出。而大蒜中含特有的蒜氨酸和蒜酶,二者接触后会产生蒜素,肉中的维生素B_1和蒜素结合就生成稳定的蒜硫胺素,从而提高了肉中维生素B_1的含量。此外,蒜硫胺素还能延长维生素B_1在人体内的停留时间,提高其在胃肠道的吸收率和体内的利用率。因此,炒肉时加一点蒜,既可解腥去异味,又能保住维生素B_1,达到事半功倍的营养效果。

但需要注意的是,蒜素遇热会很快失去作用,因此烹饪时只可用大火快炒,以免有效成分被破坏。另外,大蒜并不是吃得越多越好,每天吃一瓣生蒜(约5克重)或是两三瓣熟蒜即可,多吃也无益。

此外,大蒜辛温、生热,食用过多会引起肝阴、肾阴不足,从而出现口干、视力下降等症状,因此平时应注意。

肉类饮食习惯与疾病

医学研究表明，饮食习惯、饮食方式、饮食内容的不当是引发癌症的重要因素之一。有关专家指出，如果能使人类建立良好的生活习惯和合理、科学的饮食方式，就可使现有癌症的发病率下降30%～60%。在饮食过程中要注意不良进食习惯和可"催化"癌症的食品。

晚餐不宜过多进食肉类食物

晚餐过多进食肉类食物，不但会增加胃肠负担，而且会使体内的血液猛然上升，人在睡觉时血液运行速度减慢，血脂会沉积在血管壁上，从而引起动脉粥样硬化。

科学实验证明，晚餐经常进食荤食的人比经常进食素食的人血脂一般要高2～3倍，而患高血压、肥胖症的人如果晚餐爱吃荤食，害处就更多了。

控制肉食的摄入量，保证人体的营养平衡

凡是非细菌感染的人类疾病中，大部分病因都是血液中酸度过高，而酸度高的最大原因是吃下太多的肉类。

许多人工饲养的鸡、猪等禽畜，常以抗生素、生长激素防止疾病，并促进生长，其残留物会影响人体健康。

但不吃肉的话，又会使维生素B_{12}不足，造成维生素B_{12}缺乏而导致恶性贫血，甚至神经受损，所以，应适当食用一些含维生素B_{12}较高的肉制品。

肉类食物不宜生吃

生吃是现在流行的一种饮食方式。

我国传统饮食有生吃食物的习俗，但是以生吃新鲜蔬菜为主，生吃肉类是从西方传入我国的。

以肉类为例，如果烹调温度达不到100℃，就不能杀死肉类食物上的寄生虫或病菌。

此外，食品加热不透，寄生虫也能存活。如人们吃涮火锅、海鲜、烧烤等，最容易使食物处于半生不熟的状态，这时寄生虫卵最为活跃，食用后被感染的概率很高。

因此，要注意不能盲目追求生食的饮食方式。

PART 2

清爽素菜

素菜可是家庭餐桌上不可缺少的部分，含有丰富的维生素、纤维素等。妈妈多吃素菜，能保持身材，使身体充满活力；爸爸多吃素菜，身体能更强壮，工作也会充满动力。

本章详细介绍了常食的素菜及做法，这些菜例的步骤详细清晰，每道菜都有原料、调料、做法的介绍并配有步骤图。素菜是适合老爸老妈一年四季食用的家常菜，下面就来学习这些菜式，给老爸老妈一个幸福满满的惊喜吧！

紫菜凉拌白菜心

> 烹饪时间：9分钟
> 烹饪方法：凉拌

 材料： 大白菜200克，水发紫菜70克，熟芝麻10克，蒜末、姜末、葱花各少许

 调料： 盐少许，白糖3克，陈醋5毫升，芝麻油2毫升，鸡粉、食用油各适量

做法： 1.洗净的大白菜切成丝。2.用油起锅，入蒜末、姜末爆香，盛出。3.锅中注清水烧开，放盐、大白菜，略煮片刻。4.倒入洗好的紫菜煮沸，捞出食材。5.把煮好的食材装碗，倒入炒好的蒜末、姜末、盐、鸡粉、陈醋、白糖，淋入芝麻油，入葱花，搅拌均匀。6.拌好的食材装碗，撒上熟芝麻即可。

营养功效： 白菜有增强体质、防病健身的功效；紫菜含有多种人体所必需的元素。本品有强身健体、防病强身的功效，适合爸妈经常食用。

珊瑚白菜

> 烹饪时间：5分钟
> 烹饪方法：凉拌

材料： 白菜400克，青椒丝、冬笋丝、香菇丝各30克，葱丝少许

调料： 白糖、红油、醋、盐、食用油各适量

做法： 1.青椒丝、冬笋丝、香菇丝焯水，捞出，凉凉。2.油锅烧热，下葱丝、青椒丝、冬笋丝、香菇丝煸炒，加白糖、醋、盐炒熟，盛出，备用。3.将白菜洗净，切条，焯水，捞出，凉凉后加白糖、醋、盐搅匀，淋红油，放入炒熟的食材拌匀即可。

芥末白菜

> 烹饪时间：7分钟
> 烹饪方法：凉拌

材料： 大白菜500克

调料： 白糖10克，芥末50克，白醋5毫升，盐3克，香油10毫升

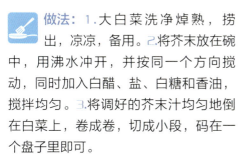

做法： 1.大白菜洗净焯熟，捞出，凉凉，备用。2.将芥末放在碗中，用沸水冲开，并按同一个方向搅动，同时加入白醋、盐、白糖和香油，搅拌均匀。3.将调好的芥末汁均匀地倒在白菜上，卷成卷，切成小段，码在一个盘子里即可。

胡萝卜丝炒包菜

- 烹饪时间：5分钟
- 烹饪方法：热炒

材料： 胡萝卜150克，包菜200克，圆椒35克

调料： 盐、鸡粉各2克，食用油适量

做法： 1.洗好的圆椒切细丝。2.洗净的包菜切去根部，再切粗丝，备用。3.用油起锅，倒入洗净去皮、切丝的胡萝卜，炒匀。4.放入包菜、圆椒，炒匀。5.注入少许清水，炒至食材断生。6.加入盐、鸡粉，炒匀调味即可。

营养功效　包菜热量低，富含多种维生素，有调节新陈代谢的作用；胡萝卜有增强人体免疫力的作用。此菜清新爽口，具有开胃消食、润肠通便之效。

包菜炒肉丝

烹饪时间：6分钟

烹饪方法：热炒

 材料： 猪瘦肉200克，包菜200克，红椒15克，蒜末、葱段各少许

 调料： 盐少许，白醋2毫升，白糖4克，料酒、鸡粉、水淀粉、食用油各适量

做法： 1.红椒洗净切开，去子，切丝。2.猪瘦肉洗净，切丝，加盐、鸡粉、水淀粉、食用油腌渍。3.锅中注清水烧开，入食用油，放入洗净切丝的包菜煮半分钟，捞出。4.蒜末入油锅爆香。5.入肉丝炒匀，淋入料酒炒至转色。6.入包菜、红椒炒匀。7.加白醋、盐、白糖炒匀。8.入葱段、水淀粉炒匀即可。

营养功效 包菜含有铜、钾、维生素C，对于增强人体免疫力有重要作用；猪肉含有蛋白质、维生素B_1、锌等。本品适合老爸老妈经常食用。

蒜蓉广东菜心

⏱ 烹饪时间：4分钟
✕ 烹饪方法：热炒

材料：广东菜心400克，蒜蓉30克

调料：香油、盐、鸡精、食用油各适量

做法：1.将广东菜心洗净，备用。2.锅中注入适量的清水，大火煮沸。3.将广东菜心放入沸水锅中，加少许盐搅匀，焯煮至熟，捞出，装盘。4.炒锅注油烧热，放入蒜蓉炒香，加入鸡精、香油、盐，起锅，倒在广东菜心上即可。

芝麻菜心

⏱ 烹饪时间：4分钟
✕ 烹饪方法：凉拌

材料：菜心300克，熟芝麻50克，姜末3克

调料：香油5毫升，盐3克，味精2克，酱油、醋各适量

做法：1.将菜心择洗干净。2.将菜心放入沸水锅内烫一下，捞出，用凉开水过凉，沥干水分，放入盘中，备用。3.姜末放入碗中，加盐、味精、酱油、醋、香油搅拌均匀，然后浇在菜心上，最后撒上熟芝麻即可。

枸杞拌菠菜

烹饪时间：4分钟
烹饪方法：凉拌

材料：菠菜230克，枸杞20克，蒜末少许

调料：盐2克，鸡粉2克，蚝油10克，芝麻油3毫升，食用油适量

做法：1.菠菜洗净，切去根部，再切成段。2.锅中注清水烧开，淋入少许食用油，倒入洗好的枸杞，焯煮片刻，捞出。3.把菠菜倒入沸水锅中，搅拌匀，煮1分钟，至食材断生，捞出。4.把焯好的菠菜倒入碗中，放入蒜末、枸杞。5.加入盐、鸡粉、蚝油、芝麻油。6.用筷子搅拌至食材入味即可。

营养功效：枸杞具有抗疲劳、降血糖、降血压的功效；菠菜具有帮助消化、促进排便之效。此款菜肴具有缓解疲劳、帮助消化的良好作用。

芹菜炒香菇

- 烹饪时间：6分钟
- 烹饪方法：热炒

材料： 芹菜段100克，水发香菇150克，红椒丝10克

调料： 鸡粉2克，盐3克，白糖2克，水淀粉10毫升，食用油少许

做法： 1.香菇洗净，切丝。2.锅中注清水，大火烧开，入少许食用油，倒入切好的香菇，煮半分钟，捞出。3.用油起锅，倒入红椒丝、芹菜段炒匀。4.再倒入焯煮过的香菇丝，翻炒至熟。5.转中火，入鸡粉、盐、白糖炒至入味。6.倒上水淀粉，用锅铲翻炒均匀即可。

营养功效 香菇含有维生素D，有助于预防骨质疏松症的发生；芹菜具有降血压的作用。本品有补肝肾、健脾胃、益智安神、美容养颜之功效。

蒜蓉生菜

🕐 烹饪时间：6分钟
❌ 烹饪方法：热炒

 材料： 生菜350克，红椒丝、蒜蓉各少许

 调料： 盐2克，鸡粉、料酒、食用油各适量

做法： 1.生菜洗净，对半切开，再切成小瓣，备用。2.锅中注入适量食用油烧热，倒入蒜蓉，爆香。3.倒入生菜，拌炒片刻，淋入少许料酒，拌炒均匀。4.加入盐、鸡粉，拌炒入味，倒入红椒丝，拌炒至熟即可。

炝炒生菜

🕐 烹饪时间：5分钟
❌ 烹饪方法：热炒

 材料： 生菜200克

 调料： 盐2克，鸡粉2克，食用油适量

 做法： 1.生菜洗净，叶纵向切开成几片，装入盘中，备用。2.锅中注入适量的食用油，烧热。3.放入切好的生菜，快速翻炒，至生菜熟软。4.加入盐，再放入鸡粉，炒匀调味即可。

蒸茼蒿

> 烹饪时间：4分钟
> 烹饪方法：清蒸

材料：茼蒿350克，面粉20克，蒜末少许

调料：生抽10毫升，芝麻油适量

做法：1.将择洗好的茼蒿切成同等长度的段。2.取一个大碗，倒入茼蒿、面粉，拌匀。3.将其装入盘中待用。4.蒸锅上火烧开，放入茼蒿。5.盖上锅盖，大火蒸2分钟至熟。6.在蒜末中倒入生抽、芝麻油，搅拌匀制成味汁。7.掀开锅盖，将茼蒿取出。8.装入盘中，配上味汁即可食用。

营养功效

茼蒿中含有一种挥发性的精油以及胆碱等物质，有养心安神、稳定情绪和降血压之效；大蒜有杀菌作用。这道家常菜有预防疾病的功效。

杏仁芹菜拌茼蒿

🕐 烹饪时间：2分钟　　🍴 烹饪方法：凉拌

材料：茼蒿300克，芹菜50克，彩椒丝40克，杏仁35克，香菜段15克，蒜末少许

调料：盐少许，鸡粉2克，生抽4毫升，陈醋8毫升，芝麻油、食用油各适量

做法：1.芹菜洗净，切成段。2.锅中注入适量清水烧开，加入少许食用油、盐。3.倒入洗净切段的茼蒿，放入芹菜段、彩椒丝，煮1分钟，捞出。4.把焯煮熟的食材装入碗中，撒上蒜末。5.加入少许鸡粉、盐，淋上生抽、陈醋。6.滴上少许芝麻油，撒上香菜段。7.快速搅拌一会儿，至食材入味。8.取一个干净的盘子，盛入拌好的食材，撒上杏仁即成。

营养功效：茼蒿含有维生素A、维生素C、食物纤维、蛋白质、钾等营养物质，有平补肝肾的功效；芹菜具有降低血压的作用。此款菜肴有滋养肝肾的功效。

生拌茼蒿

- 烹饪时间：4分钟
- 烹饪方法：凉拌

材料：嫩茼蒿400克，大蒜5克

调料：盐3克，味精1克，醋、香油、酱油各5毫升，芥末3克

做法：1.取嫩茼蒿洗净，沥干水分，切成段，备用。2.将大蒜切成蒜末，装入容器中，加入盐、味精、醋、香油、酱油、芥末搅拌均匀，调成酱汁。3.将酱汁和茼蒿拌匀，装入盘中即可。

蒜蓉茼蒿

- 烹饪时间：5分钟
- 烹饪方法：热炒

材料：茼蒿400克，大蒜20克

调料：盐3克，味精2克，食用油适量

做法：1.大蒜去皮，剁成细末；茼蒿去掉黄叶，洗净备用。2.锅中注入适量的清水，大火烧沸，将茼蒿稍焯水，捞出，沥干水分。3.锅中注入适量油烧热，下入茼蒿翻炒，最后再下入盐、味精，翻炒均匀即可。

PART 2 清爽素菜

1

2

3

4

肉末空心菜

🕐 烹饪时间：2分钟　🍴 烹饪方法：热炒

材料： 空心菜200克，肉末100克，彩椒40克，姜丝少许

调料： 盐、鸡粉各2克，老抽2毫升，料酒3毫升，生抽5毫升，食用油适量

做法： 1.将洗净的空心菜切成段。2.洗好的彩椒切粗丝，备用。3.用油起锅，倒入肉末，用大火快速翻炒至松散。4.淋入料酒、老抽、生抽，炒匀提味。5.撒入姜丝，再放切好的空心菜。6.翻炒至熟软，倒入彩椒丝，翻炒匀。7.加入盐、鸡粉，翻炒一会儿，至食材入味。8.关火后盛出炒好的食材，装入盘中即成。

5

6

7

8

营养功效 空心菜含有胰岛素样物质，能抑制血糖值升高，减少人体对糖分的吸收；彩椒具有促进食欲之效。老爸老妈常食这道菜，可以很好地预防糖尿病。

姜汁拌空心菜

烹饪时间：6分钟
烹饪方法：凉拌

材料： 空心菜500克，姜汁20毫升，红椒段适量

调料： 盐、陈醋、芝麻油、食用油各适量

做法： 1.洗净的空心菜切大段，备用。2.锅中注入适量清水烧开，倒入空心菜梗，加入少许食用油，拌匀。3.放入空心菜叶，略煮片刻，加盐拌匀，捞出装盘。4.取一个碗，倒入姜汁，放入盐、陈醋、芝麻油搅拌均匀。5.浇在空心菜上。6.放上红椒段即可。

营养功效

姜有开胃消食、解毒杀菌、促进新陈代谢等功效；空心菜有通便解毒之效。老爸老妈常食用此菜可增进食欲、促进排毒、强身健体。

草菇扒芥菜

⏱ 烹饪时间：7分钟
✗ 烹饪方法：焖炒

材料： 芥菜300克，草菇200克，胡萝卜片30克，蒜片少许

调料： 盐少许，鸡粉1克，生抽5毫升，水淀粉、芝麻油、食用油各适量

做法： 1.芥菜洗净切去菜叶，菜梗切块。2.草菇洗净，切十字花刀，焯水后捞出。3.芥菜加盐、食用油焯水。4.另起锅注油，入蒜片爆香。5.入胡萝卜片、生抽炒香。6.注入清水，加草菇翻炒匀。7.加入盐、鸡粉炒匀，加盖焖5分钟。8.揭盖，用水淀粉勾芡，淋入芝麻油炒匀，最后放在芥菜上即可。

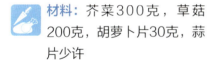

草菇含有粗蛋白、维生素C、多种氨基酸、磷、钾、钙等营养物质，具有清热解暑、补益气血、降压等功效。

芥菜魔芋汤

烹饪时间： 4分钟
烹饪方法： 焖煮

 材料： 芥菜130克，魔芋180克，姜片少许

 调料： 鸡粉2克，盐、料酒、食用油各适量

做法： 1. 魔芋洗净，切小块。2. 洗好的芥菜切小块。3. 锅中注清水烧开，放入少许盐，倒入魔芋搅匀，煮沸，捞出。4. 用油起锅，放入姜片，爆香。5. 倒入芥菜，炒匀，淋入料酒，炒香。6. 加适量清水，倒入魔芋，搅拌匀。7. 放入适量鸡粉、盐，炒匀调味。8. 盖上盖，烧开后煮2分钟至熟即可。

营养功效 芥菜具有清热解毒的作用，老爸老妈如果有上火症状，适量多吃这道汤品可以缓解症状。

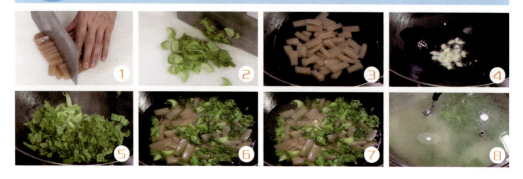

红椒炒西蓝花

🕐 烹饪时间：7分钟
❌ 烹饪方法：热炒

 材料： 西蓝花300克，红椒10克

调料： 盐3克，鸡精2克，醋、食用油各适量

做法： 1.西蓝花洗净，掰成小朵；红椒去蒂洗净，切圈。2.锅注入适量的清水，大火烧开，放入西蓝花焯烫片刻，捞出，沥干水分，备用。3.锅下油烧热，放入红椒爆香，再放入西蓝花一起翻炒均匀，加盐、鸡精、醋调味，炒熟后装盘即可。

爽口双花

🕐 烹饪时间：8分钟
❌ 烹饪方法：热炒

 材料： 西蓝花、花菜各250克，圣女果少许

调料： 盐、味精、食用油各适量

 做法： 1.西蓝花、花菜洗净，掰成小朵，放入沸水中焯熟，捞出，沥干水分，备用；圣女果洗净，对半切开。2.锅置火上，倒油烧热，放入西蓝花、花菜滑炒，调入盐、味精炒至入味，盛出。3.用圣女果装饰即可。

西蓝花玉米浓汤

🕐 烹饪时间：10分钟
🍴 烹饪方法：焖煮

 材料：玉米粒100克，西蓝花100克，奶油8克，牛奶150毫升

 调料：淀粉10克，盐1克，胡椒粉2克，黄油适量

做法：1.洗好的西蓝花切成小块。2.锅置火上，倒入黄油，煮至融化。3.放入淀粉，拌匀，再加入奶油和牛奶，拌匀。4.注入适量清水。5.加入玉米粒，用大火稍煮2分钟至熟。6.加入盐、胡椒粉，拌匀调味。7.倒入切好的西蓝花，搅拌几下。8.稍煮2分钟至熟软即可。

营养功效

西蓝花的维生素C含量极高，能够增强机体的免疫功能，促进肝脏解毒；玉米具有调中开胃的功效。这道汤营养丰富，适合老爸老妈食用。

蜂蜜蒸白萝卜

🕐 烹饪时间：9分钟
🍴 烹饪方法：清蒸

材料： 白萝卜1根

调料： 蜂蜜100克

做法： 1.白萝卜洗净去外皮，挖空萝卜中心的肉。2.在挖空的萝卜中装入蜂蜜，放入大瓷碗中。3.蒸锅置于火上，大火烧开，放入装有萝卜的瓷碗。4.盖上盖，隔水蒸至萝卜熟软，开盖，取出装盘即可。

杏仁白萝卜汤

🕐 烹饪时间：12分钟
🍴 烹饪方法：炖煮

材料： 杏仁20克，白萝卜500克，川芎少许

调料： 盐适量

做法： 1.杏仁浸泡片刻，去皮；川芎洗净，备用。2.白萝卜去皮，洗净，切块。3.锅中注入适量清水烧开，下入备好的白萝卜、杏仁、川芎，大火煮至熟，加适量盐拌匀调味，起锅装盘即可。

麦枣甘草白萝卜汤

🕐 烹饪时间：11分钟
🍴 烹饪方法：煲煮

 材料： 水发小麦80克，排骨200克，甘草5克，红枣10克，白萝卜50克

 调料： 盐3克，鸡粉2克，料酒适量

做法： 1.锅中注清水烧开，放入排骨，淋入料酒略煮，捞出。2.砂锅中注清水烧开，倒入排骨、甘草、小麦。3.盖上盖，用大火煮开后转小火煮1小时至食材熟软。4.揭盖，放入洗净去皮、切块的白萝卜，放入红枣，淋料酒。5.再盖上盖，续煮至食材熟透。6.揭盖，加入盐、鸡粉，拌匀调味即可。

营养功效　白萝卜含有蛋白质、膳食纤维、胡萝卜素、铁、钙、磷等营养成分，具有清热生津、凉血止血、消食化滞等功效。本汤适合爸妈食用。

白菜梗拌胡萝卜丝

🕐 烹饪时间：5分钟
🍴 烹饪方法：凉拌

材料： 胡萝卜150克，白菜梗100克，青椒丝50克

调料： 盐3克，鸡精2克，香油适量

做法： 1.胡萝卜去皮洗净，切丝；白菜梗洗净，切条。2.锅内注清水烧沸，分别将胡萝卜丝、白菜梗、青椒丝焯熟后，捞出沥干水分，装盘。3.加盐、鸡精、香油拌匀即可。

胡萝卜拌粉丝

🕐 烹饪时间：5分钟
🍴 烹饪方法：热炒

材料： 胡萝卜200克，粉丝150克

调料： 白醋、盐、味精、蒜泥、香油、食用油各适量

做法： 1.胡萝卜洗净，切细丝。2.粉丝泡好，备用。3.炒锅上火加入适量食用油烧热，放入胡萝卜丝和粉丝炒好，淋入白醋炒香，加入味精、蒜泥、香油和盐炒匀调味。4.关火，将炒好的食材盛出，装入盘中即可。

松仁胡萝卜丝

烹饪时间：3分钟
烹饪方法：热炒

 材料： 胡萝卜250克，松仁10克

 调料： 盐3克，鸡粉2克，白糖、食用油各适量

 做法： 1.洗净去皮的胡萝卜切成片，再切成丝，备用。2.用油起锅，倒入松仁，拌匀。3.炸至变色，捞出，沥干油。4.将松仁捞出，装入盘中，备用。5.锅底留油，放入胡萝卜。6.加入盐、鸡粉、白糖，炒匀调味。7.关火后盛出炒好的食材，装入盘中。8.撒上松仁即可。

营养功效： 胡萝卜含有胡萝卜素、维生素C、钙、锌等营养物质，有降血糖、补肝明目等功效；松仁有强筋健骨、消除疲劳之效。老爸老妈常食此菜对健康有益。

西红柿盅

🕐 烹饪时间：8分钟
❌ 烹饪方法：凉拌

材料： 西红柿200克，玉米粒80克，芋头丁50克，西蓝花适量

调料： 盐、味精、香油各少许

做法： 1.西红柿洗净，在蒂部切开，挖去肉，西红柿盅留用，西红柿肉切丁；西蓝花洗净，掰小朵；玉米粒洗净。2.锅中注入适量清水，大火烧开，将西蓝花、玉米粒、芋头丁分别焯熟，捞出沥干水分，备用。3.焯过水的食材加盐、味精、香油拌匀调味。4.将拌好的食材倒入西红柿盅中，摆盘即可。

西红柿菠菜汤

🕐 烹饪时间：8分钟
❌ 烹饪方法：炖煮

材料： 西红柿150克，菠菜150克

调料： 盐少许

做法： 1.西红柿洗净，在表面轻划数刀，放入滚水中汆烫片刻，捞出待冷却后撕去外皮，切丁；菠菜去根后洗净，焯水，切长段。2.锅中加入适量清水，大火煮开，加入备好的西红柿丁，待再次煮沸后，放入菠菜拌匀。3.待汤汁再次沸腾，加入盐拌匀调味，关火，盛出即可。

奶油西红柿

⏱ 烹饪时间：6分钟
🍴 烹饪方法：炖煮

材料：西红柿250克，鲜牛奶100毫升，豌豆50克

调料：味精、白糖、盐各3克，淀粉适量

做法：1.西红柿洗净去皮，每个切6块；豌豆洗净，泡发，备用。2.用鲜牛奶、味精、白糖、盐、淀粉调成稍稠的汁，备用。3.锅中加入适量清水，大火烧开，把西红柿、豌豆倒入锅内拌匀，煮片刻，用调好的稠汁勾芡，待汤汁煮浓，大火收汁，即可出锅。

花菜炒西红柿

⏱ 烹饪时间：7分钟
🍴 烹饪方法：热炒

材料：花菜250克，西红柿200克

调料：香菜10克，盐、鸡精、食用油各适量

做法：1.花菜去除根部，切成小朵，用清水洗净，焯水，捞出沥干水待用；香菜洗净切小段；西红柿洗净，切小丁。2.锅中加油烧至六成热，将花菜和西红柿丁放入锅中，待熟再调入盐、鸡精翻炒均匀，盛出装盘，撒上香菜段即可。

PART 2 清爽素菜

杏仁苦瓜

🕐 烹饪时间：5分钟　　🍳 烹饪方法：热炒

 材料：苦瓜180克，杏仁20克，枸杞10克，蒜末少许

 调料：盐2克，鸡粉少许，食粉、水淀粉、食用油各适量

做法：1.洗净的苦瓜切开，去子，切片。2.锅中倒入清水烧开，放入杏仁，略煮片刻。3.捞出焯好的杏仁，沥干水分。4.将枸杞放入沸水锅中，焯煮片刻，捞出。5.锅中加入少许食粉，倒入苦瓜，煮1分30秒，至其八成熟，捞出。6.另起锅，注油烧热，倒入蒜末，爆香，放入苦瓜，拌炒均匀。7.加入鸡粉、盐，快速炒匀至苦瓜入味。8.再倒入适量水淀粉，炒匀盛出，装入盘中再放上杏仁、枸杞即成。

 营养功效：苦瓜中的苦瓜苷和苦味素能够增进食欲，健脾开胃。这道菜还有清热泻火、润肺止咳的功效，能够有效帮助老爸老妈预防便秘。

白果炒苦瓜

🕐 烹饪时间:9分钟
🍴 烹饪方法:热炒

材料: 苦瓜130克,白果50克,彩椒40克,蒜末、葱段各少许

调料: 盐、水淀粉、食用油各适量

做法: 1.彩椒洗净,切成小块;苦瓜去除瓜瓤洗净,切成小块。2.锅中注清水烧开,倒入切好的苦瓜,加入少许盐煮1分钟,下洗净的白果稍煮,捞出。3.用油起锅,放入蒜末、葱段爆香,倒入彩椒炒匀。4.再放入苦瓜、白果,快速翻炒片刻,加入适量盐,炒匀调味,倒入适量水淀粉,翻炒一会儿,至食材熟透即成。

红枣酿苦瓜

🕐 烹饪时间:21分钟
🍴 烹饪方法:清蒸

材料: 苦瓜120克,红枣40克

调料: 香茅叶少许

做法: 1.洗好的苦瓜切段,去子,倒入沸水锅中,焯煮1分钟,捞出备用。2.把红枣放入烧开的蒸锅中,蒸15分钟取出,切开去核,取枣肉剁成泥。3.将苦瓜装盘,塞入枣泥,放上香茅叶,放入烧开的蒸锅中,大火蒸3分钟,取出排盘即可。

芥蓝炒冬瓜

烹饪时间：10分钟
烹饪方法：热炒

材料： 芥蓝80克，冬瓜片100克，胡萝卜片、木耳各35克，姜片、蒜末、葱段各少许

调料： 鸡粉2克，料酒4毫升，盐、水淀粉、食用油各适量

做法： 1.芥蓝洗净切段。2.锅中注清水烧开，放入食用油、盐。3.放入胡萝卜片，再入洗净切块的木耳搅匀，略煮。4.倒入芥蓝、冬瓜片拌匀，煮1分钟，捞出。5.油锅入姜片、蒜末、葱段爆香。6.倒入焯好的食材，翻炒匀。7.放入适量盐、鸡粉，淋入料酒，炒匀。8.倒入水淀粉，快速炒匀即可。

营养功效： 芥蓝含有蛋白质、维生素A、维生素C、金鸡纳霜等成分，具有降低胆固醇、软化血管等功效。老爸老妈食用本菜，对稳定血糖有一定作用。

蜜梨蒸南瓜

- 烹饪时间：13分钟
- 烹饪方法：清蒸

材料：南瓜400克，梨20克

调料：蜂蜜适量

做法：1.南瓜洗净去皮去瓤，切成菱形块；梨洗净去皮，切成条形。2.将切好的南瓜块和梨条摆入蒸盘，相互交叠，摆成花瓣状，再淋上适量蜂蜜。3.蒸笼置于火上，大火烧开，把装有食材的蒸盘放入蒸笼，大火蒸熟后取出即可。

豆奶南瓜球

- 烹饪时间：20分钟
- 烹饪方法：蒸煮

材料：南瓜150克，黑豆200克

调料：白糖10克

做法：1.黑豆洗净，用清水泡发，再放入搅拌机中，加入适量清水搅打，再倒入锅中煮沸，滤取汤汁，即成黑豆浆。2.南瓜削皮，洗净，用挖球器挖成圆球，放入沸水中煮熟，捞起沥干，备用。3.将南瓜球、黑豆浆装入杯中，加白糖拌匀即可。

黄瓜炒土豆丝

- 烹饪时间：3分钟
- 烹饪方法：热炒

材料： 土豆120克，黄瓜110克，葱末、蒜末各少许

调料： 盐、鸡粉、水淀粉、食用油各适量

做法： 1.去皮洗净的土豆切成细丝。2.锅中注清水烧开，放入盐，倒入土豆丝搅拌几下，煮约半分钟，捞出。3.用油起锅，下入蒜末、葱末，用大火爆香。4.倒入黄瓜丝，翻炒几下，至析出汁水。5.再放入焯煮过的土豆丝快速翻炒至熟，加盐和鸡粉调味。6.最后淋入少许水淀粉勾芡即可。

营养功效 土豆富含淀粉、胡萝卜素、维生素B₁等，有滋润皮肤、强身健体的作用。此外，土豆还含有膳食纤维，可促进消化，适合老爸老妈食用。

茄汁黄瓜

> 烹饪时间：3分钟
> 烹饪方法：凉拌

材料： 黄瓜120克，西红柿220克

调料： 白糖5克

做法： 1.洗净的西红柿划上十字刀。2.锅中注清水烧开，放入西红柿，稍烫一下，捞出。3.西红柿去皮，待用。4.黄瓜边放置一支筷子，切黄瓜但不完全切断。5.用手稍压一下，使其片状呈散开状。6.将切好的黄瓜摆放在盘子中备用。7.将西红柿切成瓣，摆放在黄瓜上面。8.撒上白糖即可。

营养功效 黄瓜富含维生素E，可起到延年益寿、抗衰老的作用，适量食用黄瓜还能够滋阴润燥、益气补虚。常食此菜对老爸老妈的身体健康极为有益。

丝瓜炒干贝

⏱ 烹饪时间：10分钟
🔪 烹饪方法：热炒

材料： 丝瓜200克，彩椒50克，干贝30克，姜片、蒜末、葱段各少许

调料： 盐2克，鸡粉2克，料酒、生抽、水淀粉、食用油各适量

做法： 1.将洗净去皮的丝瓜切成片；洗好的彩椒切小块；将泡好的干贝压烂。2.炒锅注油烧热，入姜片、蒜末、葱段爆香，倒入干贝炒匀，淋入料酒炒香，倒入丝瓜、彩椒炒匀，淋入清水炒至熟软，加盐、鸡粉、生抽调味，倒入水淀粉勾芡。3.将炒好的食材盛出即成。

丝瓜鸡蛋汤

⏱ 烹饪时间：7分钟
🔪 烹饪方法：炖煮

材料： 丝瓜200克，鸡蛋1个，葱花少许

调料： 盐、鸡粉、胡椒粉、食用油各适量

做法： 1.鸡蛋打入碗内，搅散备用；洗好的丝瓜去皮，切成片。2.锅中注入适量清水烧开，加入食用油、鸡粉、盐，倒入丝瓜拌匀，加入胡椒粉煮熟，倒入蛋液快速搅拌，煮熟。3.关火，将蛋汤盛入盘内，撒上备好的葱花即可。

丝瓜炒花菜

> 烹饪时间：3分钟
> 烹饪方法：热炒

材料： 花菜180克，丝瓜120克，西红柿100克，蒜末、葱段各少许

调料： 盐少许，鸡粉2克，料酒4毫升，水淀粉6毫升，食用油适量

做法： 1.洗好的花菜切小朵；将洗净的丝瓜切小块；洗净的西红柿切小块。2.锅中注清水烧开，加入食用油、盐，放入花菜，焯煮片刻，捞出。3.用油起锅，放入蒜末、葱段爆香。4.倒入丝瓜块、西红柿、花菜炒匀。5.淋入料酒炒匀提味。6.注入清水，加盐、鸡粉调味，倒入水淀粉勾芡即可。

营养功效 丝瓜汁液具有保持皮肤弹性的特殊功效，老妈经常食用这道菜有抗衰老的作用。此菜清爽适口，可提高老爸老妈的食欲，对健康有好处。

豉香山药条

- 烹饪时间：4分钟
- 烹饪方法：热炒

材料： 山药350克，青椒粒25克，红椒粒20克，豆豉45克，蒜末、葱段各少许

调料： 盐少许，鸡粉2克，豆瓣酱10克，白醋8毫升，食用油适量

做法： 1.洗净去皮的山药切成条。2.锅中注清水烧开，放白醋、盐，倒入山药，煮至断生，捞出待用。3.用油起锅，倒入豆豉煸炒片刻，加葱段、蒜末爆香。4.放入红椒粒、青椒粒，倒入豆瓣酱炒匀。5.放入山药条，加入适量盐、鸡粉炒至食材入味。6.关火后盛出炒好的食材，装入盘中即可食用。

营养功效 山药能够给人体提供黏液蛋白，有健脾益肾、提高免疫力的作用，此外，山药还富含碳水化合物，老爸老妈常食，可平衡血糖、保肝解毒。

橙香山药丁

🕐 烹饪时间：6分钟
🍴 烹饪方法：热炒

材料： 山药260克，橙汁20毫升

调料： 盐2克，水淀粉6毫升，白糖、食用油各适量

做法： 1.将洗净去皮的山药切成丁，放入清水中浸泡一会儿，备用。2.用油起锅，倒入山药丁炒匀，倒入橙汁拌匀，加入盐、白糖炒匀调味，倒入水淀粉，快速拌炒至食材熟软入味。3.关火后盛出炒好的菜肴即可。

韭菜山药条

🕐 烹饪时间：8分钟
🍴 烹饪方法：热炒

材料： 山药100克，韭菜250克，红尖椒50克

调料： 酱油、盐、香油、食用油各适量

做法： 1.山药去皮洗净，切条状，焯水捞出，备用。2.韭菜洗净后切段；红尖椒洗净去子，切丝备用。3.炒锅倒入适量食用油，大火烧热，放入红尖椒丝、韭菜段略炒，加入盐调味，淋入酱油炒匀上色。4.加入山药煸炒入味，炒至食材熟透，淋入香油拌匀，出锅装盘即可。

瓦罐莲藕汤

🕐 烹饪时间：32分钟　　✖ 烹饪方法：煲煮

材料： 排骨350克，莲藕200克，姜片20克

调料： 料酒8毫升，盐2克，鸡粉2克，胡椒粉适量

做法： 1.洗净去皮的莲藕切成丁。2.锅中注清水烧开，倒入洗净的排骨，加入料酒，氽去血水。3.把氽煮好的排骨捞出，沥干水分待用。4.瓦罐中注清水烧开，放入氽过水的排骨。5.煮至沸腾，倒入姜片。6.大火烧开后用小火煮至排骨五成熟，倒入莲藕搅拌匀。7.煮至排骨熟透，放入鸡粉、盐、胡椒粉调味，撇去汤中浮沫。8.关火后稍焖一会儿即可。

营养功效： 莲藕富含淀粉、B族维生素、维生素C等，能健脾益气；排骨可补充优质蛋白质。此汤可补虚健脾、凉血止血，是老爸老妈的一道家常营养汤。

茄汁莲藕炒鸡丁

- 烹饪时间：3分钟
- 烹饪方法：热炒

 材料： 西红柿100克，莲藕丁130克，鸡胸肉200克，蒜末、葱段各少许

调料： 盐、鸡粉各少许，水淀粉4毫升，白醋8毫升，番茄酱、白糖各10克，料酒、食用油各适量

做法： 1.洗好的西红柿切成小块。2.洗净的鸡胸肉切丁，加入盐、鸡粉、水淀粉、食用油腌渍。3.锅中注清水烧开，加盐、白醋。4.倒入莲藕丁，煮1分钟，捞出。5.油锅入蒜末、葱段爆香。6.倒入鸡肉丁炒散，淋入料酒略炒。7.放入西红柿、焯过水的莲藕炒匀。8.加入番茄酱、盐、白糖炒匀调味即可。

 营养功效 西红柿中的番茄红素有较强的抗氧化作用，可清除体内自由基，降低血浆胆固醇含量，从而可降血压。老爸老妈常吃本菜，可以有效预防高血压。

洋葱炒芦笋

🕐 烹饪时间：8分钟
✖ 烹饪方法：热炒

 材料：洋葱150克，芦笋200克

 调料：盐3克，味精2克，食用油适量

做法：1.芦笋洗净，切成斜段；洋葱洗净，切成片。2.锅中注入适量清水，大火烧开，下入芦笋段拌匀，稍焯煮片刻，捞出沥干水分，备用。3.锅中加入适量食用油烧热，下入洋葱炒匀爆香后，再下入芦笋稍炒，炒至食材断生，下入盐、味精炒匀调味，盛出装盘即可。

南瓜炒洋葱

🕐 烹饪时间：8分钟
✖ 烹饪方法：焖炒

 材料：洋葱、南瓜块各100克，姜丝、蒜末各适量

 调料：盐、白糖各5克，醋6毫升，胡椒粉、食用油各适量

 做法：1.洋葱剥去老皮，洗净切圈。2.锅置火上，加入适量食用油烧热，先炒香姜丝、蒜末，再放入洋葱和南瓜翻炒，放少许清水焖煮一会儿。3.焖至食材熟透，调入盐、醋、白糖、胡椒粉，翻炒均匀即可出锅。

酱焖茄子

> 烹饪时间：13分钟
> 烹饪方法：热炒

材料： 茄子180克，红椒块15克，黄豆酱40克，姜末、蒜末、葱花各少许

调料： 盐2克，鸡粉2克，白糖4克，蚝油15克，水淀粉5毫升，食用油适量

做法： 1.洗净的茄子切条，再切花刀。2.热锅注油烧热，放入茄子拌匀，炸至金黄色，捞出。3.油锅入姜末、蒜末、红椒块爆香。4.加入黄豆酱炒匀。5.倒入清水，放入炸好的茄子，翻炒片刻。6.加入蚝油、鸡粉、盐，翻炒一会儿。7.放入白糖，炒匀调味。8.倒入水淀粉，炒匀装盘，撒上葱花即可。

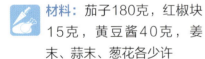

营养功效：茄子含有多种维生素及钙、磷等，有清热解暑的功效。茄子纤维中所含的维生素C和皂草苷，可降低胆固醇。老爸老妈常食此菜，可预防高脂血症。

芦笋扒冬瓜

- 烹饪时间：11分钟
- 烹饪方法：焖炒

材料：冬瓜肉140克，芦笋100克，高汤180毫升

调料：盐2克，鸡粉2克，水淀粉、食用油各适量

做法：1.洗好去皮的冬瓜切片，改切成条形。2.洗净的芦笋切成长段，备用。3.用油起锅，倒入芦笋，炒匀，再放入冬瓜，炒匀，倒入高汤，拌匀。4.加入盐、鸡粉，炒匀调味，盖上盖，烧开后用小火焖煮片刻。5.揭盖，将芦笋拣出，摆入盘中。6.锅里淋入水淀粉，炒匀后装入放有芦笋的盘中即可。

营养功效：芦笋富含膳食纤维，可增进食欲，帮助消化，它还含有多种氨基酸、维生素，有提高免疫力的作用。老爸老妈常食此菜能降低血压、增进食欲。

清炒芦笋

⏱ 烹饪时间：8分钟
🍳 烹饪方法：热炒

材料：芦笋350克

调料：盐3克，鸡精2克，醋5毫升，食用油适量

做法：1.将芦笋洗净，沥干水分，装入盘中，备用。2.炒锅加入适量食用油，大火烧至七成热，放入备好的芦笋翻炒，放入醋炒匀。3.炒至食材熟透，最后调入盐和鸡精拌匀，翻炒至入味，盛出装盘即可。

草菇烩芦笋

⏱ 烹饪时间：15分钟
🍳 烹饪方法：焖炒

材料：芦笋300克，草菇100克，葱末、姜末各5克，鸡汤适量

调料：料酒15毫升，白糖、味精、香油、盐、水淀粉、食用油各适量

做法：1.将芦笋去老根和皮，洗净。2.将草菇、芦笋用开水焯一下，捞出。3.用葱末、姜末、食用油炝锅，淋料酒，加鸡汤、盐、白糖、味精，把草菇、芦笋放入锅内，用水淀粉勾芡，淋上香油炒匀，即可出锅。

竹笋炒鸡丝

🕐 烹饪时间：2分钟
❌ 烹饪方法：热炒

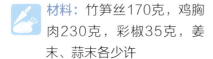

材料： 竹笋丝170克，鸡胸肉230克，彩椒35克，姜末、蒜末各少许

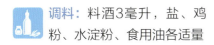

调料： 料酒3毫升，盐、鸡粉、水淀粉、食用油各适量

做法： 1.洗好的彩椒去蒂，切粗丝。2.鸡胸肉切丝，加盐、鸡粉、水淀粉、食用油拌匀腌渍。3.锅中注清水烧开，放入竹笋丝，加盐、鸡粉焯煮半分钟，捞出。4.热锅注油，入姜末、蒜末爆香。5.倒入鸡胸肉炒匀。6.淋料酒炒香，倒入彩椒丝、竹笋丝炒匀。7.加盐、鸡粉调味。8.倒入水淀粉勾芡即可。

营养功效

竹笋独有的清香，可增强食欲，还含有大量的蛋白以及人体必需的8种氨基酸，适合老年人经常食用。常食此菜对老爸老妈大有益处。

炝拌莴笋

烹饪时间：182分钟　　**烹饪方法：凉拌**

材料： 莴笋260克，干辣椒、花椒、姜丝各少许

调料： 白醋6毫升，白糖5克，盐6克，食用油适量

做法： 1.洗净去皮的莴笋切成条形，放入碗中，加入盐，搅匀，腌渍约30分钟。2.在碗中注入适量清水，洗去多余盐分。3.将水倒去，撒上姜丝，待用。4.用油起锅，放入花椒、干辣椒，爆香，捞出炒好的材料，锅底留油烧热。5.关火后盛出部分热油，均匀地浇在莴笋上。6.锅底留油烧热，倒入白醋、白糖，搅拌片刻至白糖溶化，调成味汁。7.关火后盛出味汁，浇在莴笋上。8.将碗中的材料搅拌均匀，腌渍约3小时至食材入味。

营养功效： 莴笋含有胡萝卜素、B族维生素、维生素C、钙、磷、铁等，具有缓解神经衰弱、养心润肺等功效。老爸老妈常食此菜可缓解疲劳。

酒酿马蹄

🕐 烹饪时间：6分钟
❌ 烹饪方法：凉拌

 材料： 马蹄400克，枸杞20克

 调料： 酒酿20克

做法： 1.将马蹄去皮，洗净，备用；枸杞洗净，沥干水分，备用。2.把马蹄整齐码入盘中，然后盖上酒酿，淋入酒酿汁水，最后撒上枸杞，摆盘即成。

芦荟炒马蹄

🕐 烹饪时间：7分钟
❌ 烹饪方法：热炒

 材料： 芦荟150克，马蹄100克，枸杞5克，葱丝、姜丝各适量

 调料： 盐、白糖、料酒、食用油各适量

做法： 1.芦荟去皮洗净，切条；马蹄去皮洗净，切片。2.芦荟和马蹄分别焯水，捞出，沥干水分，备用。3.油锅烧热，下入姜丝、葱丝爆香，再下芦荟、马蹄拌匀，炒至断生，淋入料酒炒香，加盐、白糖炒入味，加入枸杞，最后装盘即可。

红豆马蹄汤

烹饪时间：62分钟
烹饪方法：炖煮

材料： 马蹄肉150克，水发红豆150克，姜片、葱段各少许

调料： 盐2克，鸡粉2克

做法： 1.砂锅中注入适量清水烧开，倒入洗好的红豆。2.盖上盖，用大火煮开后转小火煮30分钟。3.揭盖，放入姜片、葱段、马蹄肉。4.再盖上盖，续煮30分钟至食材熟透。5.揭盖，加入盐、鸡粉，拌匀调味。6.关火后盛出煮好的汤，装入碗中即可。

营养功效

马蹄富含磷，可促进体内三大营养物质的代谢，调节酸碱平衡。此外，马蹄还有清热泻火的功效。此汤是适合老爸老妈饮用的家常汤煲。

茭白金针菇

🕐 烹饪时间：8分钟
🍴 烹饪方法：热炒

材料： 茭白350克，金针菇150克，水发木耳丝50克，姜丝、香菜段、辣椒丝、香菜段各适量

调料： 盐、白糖、醋、香油、食用油各适量

做法： 1.茭白洗净，切丝，焯水，捞出沥干水分，备用；金针菇去掉黄色根部，洗净焯水，捞出沥干水分，备用。2.锅中注入适量食用油烧热，爆香姜丝、辣椒丝，放入焯过水的茭白、金针菇、木耳丝炒匀。3.炒至食材断生后，加入适量盐、白糖、醋、香油调味，放入香菜段，装盘即可。

风味茭白

🕐 烹饪时间：8分钟
🍴 烹饪方法：煎炸

材料： 茭白300克

调料： 味精、醋、白糖、米酒各适量

做法： 1.茭白洗净去皮，切段。2.将所有茭白用竹签穿成串，将味精、醋、白糖、米酒混合均匀，拌成酱汁，备用。3.用酱汁腌茭白串20分钟。4.将腌入味的茭白串放入烧热的油锅中炸至金黄色即可。

蚝油茭白

- 烹饪时间：9分钟
- 烹饪方法：热炒

材料： 茭白200克，彩椒80克

调料： 水淀粉4毫升，蚝油8克，盐、鸡粉、食用油各适量

做法： 1.洗净去皮的茭白切片。2.洗好的彩椒，去子，切小块。3.锅中注清水烧开，放入盐、鸡粉，倒入彩椒、茭白拌匀，煮至其断生，把煮好的彩椒、茭白捞出，沥干水分，备用。4.油锅倒入焯过水的彩椒、茭白炒匀。5.放入蚝油、盐、鸡粉，炒匀调味。6.淋入水淀粉炒匀，关火后盛出装盘即可。

营养功效： 茭白富含有机氮素，可降低血清胆固醇及血压、血脂，此外，茭白中还含有碳水化合物、蛋白质等，有强壮身体的作用，适合老爸老妈食用。

酸菜芋头汤

烹饪时间：7分钟
烹饪方法：炖煮

 材料： 香芋片200克，酸菜180克，豆腐皮150克，高汤500毫升，葱花少许

 调料： 鸡粉2克，食用油适量，盐少许

做法： 1.豆腐皮切成丝；酸菜洗净切长条。2.锅中注清水烧开，倒入高汤，大火加热煮沸。3.揭盖，放入酸菜、香芋片、豆腐丝，搅拌匀。4.盖上盖，烧开后用中火煮3分钟至食材熟透。5.揭盖，加入适量食用油、盐、鸡粉。6.用锅勺拌匀调味。7.将煮好的汤盛出，装入碗中。8.再撒上少许葱花即成。

营养功效 香芋的氟含量较高，具有洁齿防龋、保护牙齿的作用；酸菜可提高人的食欲。老爸老妈常食此菜，可增强免疫力，保护牙齿。

枸杞党参银耳汤

烹饪时间： 21分钟
烹饪方法： 炖煮

材料： 枸杞8克，党参20克，水发银耳80克

调料： 冰糖30克

做法： 1.洗净的银耳切去黄色根部，再切成小块，备用。2.砂锅中注入适量清水烧开。3.放入备好的枸杞、党参、银耳。4.盖上盖，烧开后转小火煮约20分钟，至药材析出有效成分。5.揭盖，加入冰糖。6.拌匀，煮至冰糖溶化即可。

营养功效

银耳含有维生素D、膳食纤维、钙、磷、铁等，具有祛斑养颜、增强免疫力等功效；枸杞能清肝明目。此菜有很好的滋补功效，适合老爸老妈食用。

百合枇杷炖银耳

烹饪时间： 35分钟
烹饪方法： 炖煮

 材料： 水发银耳70克，鲜百合35克，枇杷30克

 调料： 冰糖10克

做法： 1.洗净的银耳去蒂，切成小块。2.洗好的枇杷去核，切成小块。3.锅中注清水烧开，倒入枇杷块拌匀，拌煮一会儿，加入银耳块搅匀。4.放入百合烧开，转小火，再煮约15分钟至食材熟软。5.揭盖，加入冰糖，搅拌均匀，用小火续煮至溶化。6.关火后盛出炖煮好的汤，盛入汤碗中即可食用。

营养功效 银耳富含天然特性胶质，加上它的滋阴作用，常食可去除脸部黄褐斑、雀斑。老爸老妈经常食用这道汤煲能够养阴润肺、滋润皮肤、延缓衰老。

木耳炒百合

> 烹饪时间：4分钟
> 烹饪方法：热炒

材料：鲜百合50克，水发木耳55克，彩椒块50克，姜片、蒜末、葱段各少许

调料：盐少许，鸡粉2克，料酒2毫升，生抽2毫升，水淀粉、食用油各适量

做法：1.木耳洗净，切小块。2.锅中注入适量清水烧开，放入切好的木耳，加少许盐，搅匀，煮半分钟。3.加入彩椒块。4.放入百合搅匀，煮半分钟，捞出。5.油锅入姜片、蒜末、葱段爆香。6.倒入焯好的食材，淋入料酒炒香。7.加生抽、盐、鸡粉调味。8.倒入适量水淀粉快速拌炒均匀即可。

营养功效：百合含有秋水碱、钙、磷、铁及维生素等，有润肺止咳、清心安神之功效；黑木耳可补铁、改善便秘。此菜清爽适口，适合老爸老妈食用。

茼蒿木耳炒肉

🕐 烹饪时间：8分钟　🍴 烹饪方法：热炒

材料： 茼蒿100克，瘦肉90克，彩椒丝50克，水发木耳45克，姜片、蒜末、葱段各少许

调料： 盐、鸡粉各少许，料酒4毫升，生抽5毫升，水淀粉、食用油各适量

做法： 1.将洗净的木耳切小块；洗净的茼蒿切段。2.瘦肉洗净切片，加盐、鸡粉、水淀粉、食用油腌渍。3.锅中注清水烧开，加盐，倒入木耳略煮。4.倒入彩椒丝，煮至食材断生，捞出。5.用油起锅，放姜片、蒜末、葱段爆香，倒入肉片炒变色，淋入料酒提味。6.倒茼蒿，注清水炒软，放彩椒、木耳炒匀。7.加入盐、鸡粉、生抽调味，倒入水淀粉，炒至食材熟透、入味。8.关火后盛出炒好的菜肴，装盘即成。

营养功效： 木耳所含的胶质，可将残留在体内的杂质吸附聚集，起到清涤肠胃的作用。木耳还含有抗肿瘤活性物，老爸老妈经常食用可防癌抗癌。

长寿菜

烹饪时间： 10分钟
烹饪方法： 热炒

材料： 水发香菇450克，冬笋片50克，高汤适量

调料： 白糖、味精各5克，酱油、香油、水淀粉、食用油各适量

做法： 1.香菇去蒂，洗净。2.油烧热，下冬笋片煸炒，再放香菇、酱油、白糖、味精、高汤，大火烧开，移小火上焖煮至香菇软熟，吸入卤汁发胖时，转至大火，收汁，再用水淀粉勾芡，炒几下，淋香油，出锅装盘即成。

炒素什锦菜

烹饪时间： 6分钟
烹饪方法： 热炒

材料： 香菇、玉米笋、油菜、水发腐竹、竹笋、水发木耳各40克，熟鸡蛋1个，青椒、红椒各适量

调料： 盐、白糖、食用油各适量

做法： 1.香菇、竹笋、青椒、红椒、油菜均洗净切片，分别入开水锅汆熟，捞出沥干水分，备用；腐竹洗净，切段。2.熟鸡蛋取蛋白切斜块。3.锅内注入适量食用油烧热，将玉米笋、木耳、腐竹煸炒，再加香菇、油菜、竹笋、鸡蛋白炒熟，加盐、白糖炒匀即可。

PART 3

美味畜肉

虽然吃素对健康有益，但是如果只吃素不进荤，长此以往，容易造成老爸老妈营养不良。荤素的搭配可以使人体摄入的营养全面均衡，对老爸老妈强身健体有莫大的益处。

畜肉类食物营养丰富、全面，口感佳，而且美味可口，能增强人的体质，维持人体正常的生理功能。

本章将为大家介绍多款畜肉菜，营养又健康，而且操作简单，能满足营养美味的双重要求，为老爸老妈的营养加分！

空心菜梗炒肉丝

烹饪时间：12分钟
烹饪方法：热炒

材料： 空心菜梗200克，瘦肉100克，红椒20克，蒜末、姜丝各少许

调料： 料酒5毫升，盐、鸡粉、水淀粉、食用油各适量

做法： 1.红椒洗净，切丝。2.瘦肉切细丝，放入碗中，加盐、鸡粉、水淀粉、食用油拌匀，腌渍10分钟。3.用油起锅，倒入姜丝、蒜末、红椒丝爆香。4.放入腌渍好的肉丝，翻炒至转色，淋上料酒，炒匀。5.放入洗净切段的空心菜梗，快速炒匀至断生。6.加入盐、鸡粉、水淀粉翻炒至入味即可。

营养功效

空心菜有清热解毒、凉血利尿的作用；瘦肉中含有丰富的营养，常食可增强体质。这道菜式对老爸老妈的健康有很好的作用。

茶树菇核桃仁小炒肉

> 烹饪时间：10分钟
> 烹饪方法：热炒

材料： 水发茶树菇70克，猪瘦肉120克，彩椒50克，核桃仁、姜片、蒜末各少许

调料： 盐、鸡粉、生抽、料酒、芝麻油、水淀粉、食用油各适量

做法： 1.彩椒切条。2.猪瘦肉切条加料酒、盐、鸡粉、生抽、水淀粉、芝麻油腌渍。3.清水烧开，放入茶树菇煮1分钟。4.放彩椒煮八成熟捞出。5.核桃仁入油锅炸香后捞出。6.肉片入油锅炒变色。7.入姜片、蒜末、茶树菇、彩椒，炒匀。8.加生抽、盐、鸡粉、水淀粉炒匀，盛出装盘，撒上核桃仁即可。

营养功效　茶树菇有增强免疫力、预防骨质疏松、缺铁性贫血的作用，老年人食用更加可以强身健体。本品具有良好的养生功效，适合老爸老妈经常食用。

肉丝烧花菜

> 烹饪时间：9分钟
> 烹饪方法：焖炒

材料： 猪瘦肉150克，花菜200克，葱丝、姜丝、鸡汤各适量

调料： 酱油、料酒、盐、食用油各适量

做法： 1.猪瘦肉洗净，切丝。2.花菜洗净，切小块，焯水。3.锅上火入油，先下葱丝、姜丝炝锅，烹入料酒、酱油，再加入猪瘦肉丝滑散，炒至变色时，放入花菜略炒，最后放入盐、鸡汤，待花菜烧熟，装盘即可。

芦笋口蘑炒肉丝

> 烹饪时间：18分钟
> 烹饪方法：热炒

材料： 芦笋75克，口蘑60克，猪瘦肉110克，蒜末少许

调料： 盐2克，鸡粉2克，料酒5毫升，水淀粉、食用油各适量

做法： 1.口蘑洗净，切小块；芦笋洗净，切小段；猪瘦肉洗净，切丝，装碗，加盐、鸡粉、料酒、食用油拌匀，腌渍10分钟。2.净锅加清水烧热，加入口蘑、食用油、芦笋煮至食材断生，捞起沥干。3.锅中加清水烧沸，入猪瘦肉，汆煮去血水，捞起沥干。4.净锅加油烧热，入蒜末爆香，入芦笋、口蘑、猪瘦肉炒熟，入水淀粉快速炒至食材熟透即可。

佛手瓜炒肉片

🕐 烹饪时间：3分钟　　🍳 烹饪方法：热炒

 材料：佛手瓜120克，猪瘦肉80克，红椒块30克，姜片、蒜末、葱段各少许

调料：鸡粉2克，盐、食粉各少许，生粉7克，生抽3毫升，水淀粉、食用油各适量

 做法：1.佛手瓜切片。2.猪瘦肉洗净，切片，装碗，加盐、食粉、生粉、食用油拌匀腌渍。3.锅中注油烧热，倒入腌渍好的肉片略炒一会儿，至肉质松散，滴生抽炒透，盛出。4.用油起锅，放入姜片、蒜末、葱段，爆香。5.倒入佛手瓜翻炒一会儿，至其变软，加入盐、鸡粉，炒匀调味。6.注入少许清水，快速翻炒片刻，至其熟软。7.再倒入肉片，炒匀。8.撒上红椒块，炒至断生，用少许水淀粉勾芡即可。

 营养功效　佛手瓜的营养比较全面，常食能增强机体抵抗疾病的能力；猪瘦肉营养丰富。本品具有补虚养身之效，适合老爸老妈适量多食。

瘦肉莲子汤

- 烹饪时间：35分钟
- 烹饪方法：炖煮

材料：猪瘦肉200克，莲子40克，胡萝卜50克，党参15克

调料：盐2克，鸡粉2克，胡椒粉少许

做法：1.洗净去皮的胡萝卜切成小块；洗净的猪瘦肉切片，备用。2.砂锅中注入适量清水，加入洗净的莲子、党参、胡萝卜，放入瘦肉，拌匀。3.盖上盖，用小火煮30分钟。4.揭开盖，放入盐、鸡粉、胡椒粉。5.搅拌均匀，至食材入味。6.关火后盛出煮好的汤，装入碗中即可。

香菇白菜瘦肉汤

- 烹饪时间：20分钟
- 烹饪方法：炖煮

材料：水发香菇60克，大白菜120克，猪瘦肉100克，姜片、葱花各少许

调料：盐、鸡粉、水淀粉、料酒、食用油各适量

做法：1.洗净大白菜，切小块；洗好香菇，切片；洗净猪瘦肉，切片。2.肉片装碗，加盐、鸡粉、水淀粉，抓匀，注入食用油，腌渍入味。3.油锅放姜片爆香，加香菇、大白菜炒匀。4.淋入料酒炒香，入清水拌匀，盖上盖，用大火煮沸。5.揭盖，入盐、鸡粉，拌匀调味，入肉片，煮至汤沸腾，盛出装碗，撒葱花即可。

蒜香排骨

⏲ 烹饪时间：10分钟
🍳 烹饪方法：煎炸

材料： 排骨700克，蒜末10克，糯米粉35克，吉士粉5克，嫩肉粉6克，芝麻酱5克

调料： 盐4克，白糖3克，生抽、食用油各适量

做法： 1.排骨斩段，用嫩肉粉抓匀。2.排骨洗净，放在毛巾上，吸干水分。3.排骨装碗，加蒜末、盐、白糖、生抽、吉士粉、芝麻酱拌匀。4.倒入糯米粉拌匀，使排骨裹上糯米粉。5.锅中加油烧热，倒入排骨小火炸3分钟。6.用锅铲搅匀，使排骨均匀受热。7.升高油温再炸1分钟。8.捞出排骨即可。

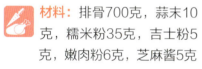

排骨有很高的营养价值，含有大量的磷酸钙、骨胶原、骨黏蛋白等，具有滋阴壮阳、益精补血的功效，适合老爸老妈适量食用。

糖醋排骨

🕒 烹饪时间：20分钟
🍳 烹饪方法：热炒

材料： 排骨350克，青椒20克，鸡蛋1个，蒜末、葱白各少许

调料： 盐、面粉、白醋、白糖、番茄酱、水淀粉、食用油各适量

做法： 1.青椒洗净切块；鸡蛋入碗搅散。2.排骨洗净斩小段，盛碗，加盐、蛋液和面粉拌匀。3.油烧六成热，放入排骨，炸熟，捞出。4.锅底留油，倒入蒜末、葱白、青椒炒香。5.加清水、白醋。6.加入白糖、番茄酱、盐炒匀。7.至白糖化开，加水淀粉勾芡。8.倒入排骨，加熟油炒匀即可。

营养功效　排骨除含蛋白质、脂肪、维生素外，还含有大量磷酸钙、骨胶原、骨黏蛋白等，可为幼儿和老人提供钙质。本品有滋阴壮阳、益精补血的功效。

豉汁排骨

⏱ 烹饪时间：30分钟
✕ 烹饪方法：焗烤

材料： 猪小排500克，玉米粉、葱花、豆豉、姜、辣椒粒各适量

调料： 料酒、冰糖、盐、酱油、食用油各适量

做法： 1.猪小排洗净剁块，拍上玉米粉。2.加入食用油、豆豉、姜、辣椒粒，调匀，入微波炉，用高火加热3分钟，取出，再加盐、酱油、冰糖、料酒和清水拌匀。3.覆上保鲜膜，再入微波炉烹熟，拣去姜，撒上葱花即可。

越南蒜香骨

⏱ 烹饪时间：90分钟
✕ 烹饪方法：煎炸

材料： 冻猪寸骨300克，面粉20克，蒜蓉100克，苏打粉6克，蒜汁适量

调料： 盐、胡椒粉各6克

做法： 1.冻猪寸骨解冻，洗净，用盐、胡椒粉、面粉、苏打粉拌匀，腌渍1小时，用蒜汁浸泡后捞起沥干。2.将蒜蓉炸至金黄色，捞起。3.油烧热至70℃，放入猪寸骨炸熟，盛起上碟，撒上炸香的干蒜蓉即可。

海带冬瓜炖排骨

🕐 烹饪时间：50分钟
🍴 烹饪方法：炖煮

材料： 排骨500克，冬瓜150克，海带100克

调料： 生粉、盐、食用油各适量

做法： 1.排骨洗净切段；加入适量盐拌匀，腌20分钟，再每块均匀蘸裹生粉。2.冬瓜洗净去皮，切大块；海带洗净，切丝。3.起锅放半锅油，待油热放入腌好的排骨，用中火将排骨表面炸至金黄，捞起，沥干油。4.将冬瓜、排骨、海带和清水放入瓦煲，大火煮沸，转小火煲至全部食材熟透，下盐调味即可。

酸甜茄汁焖排骨

🕐 烹饪时间：50分钟
🍴 烹饪方法：焖炒

材料： 猪大排500克，西红柿2个，蒜粒、蒜片、葱各适量

调料： 食用油、盐、水淀粉、番茄酱、鱼露、红糖各适量

做法： 1.猪大排斩小块，洗净后用鱼露、蒜粒、红糖拌匀，腌渍10分钟；西红柿洗净去皮，切小块；葱白部分切粒，葱绿部分切葱花。2.锅里热油，炒香葱白、蒜片，倒入猪大排翻炒变色，加入适量开水，大火烧开转中小火焖煮30分钟。3.加入西红柿，继续煮至软烂出汁，倒入番茄酱、盐、红糖、鱼露调味。4.倒入适量的水淀粉勾芡，撒上葱花即可。

苦瓜黄豆排骨汤

🕐 烹饪时间：30分钟　　🍳 烹饪方法：炖煮

 材料：苦瓜200克，排骨300克，水发黄豆120克，姜片5克

 调料：盐2克，鸡粉2克，料酒适量

 做法：1.苦瓜洗好，去子，切段。2.锅中加清水烧开，入排骨、料酒，汆去血水，捞出沥干，待用。3.砂锅加清水，入黄豆，盖上盖，煮至沸腾。4.揭盖，入排骨、姜片、料酒，搅匀提鲜，盖上盖，小火煮至排骨酥软。5.揭开盖，放入切好的苦瓜。6.再盖上盖，用小火煮15分钟至食材熟透。7.揭盖，入盐、鸡粉，拌匀煮至食材入味。8.关火，盛汤装碗即可。

 苦瓜具有清热解毒的功效；排骨中含有丰富的蛋白质，具有增强人体免疫力的作用。此汤可以预防骨质疏松症，老爸老妈常食，有益身体健康。

苦瓜薏米排骨汤

烹饪时间：47分钟　　烹饪方法：炖煮

材料： 排骨段200克，苦瓜100克，水发薏米90克，姜片10克

调料： 盐、鸡粉、料酒各少许

做法： 1.将洗净的苦瓜切小段。2.锅中注入适量清水烧开，倒入排骨段，淋入少许料酒搅匀。3.煮约半分钟，捞出。4.砂锅中注入适量清水烧开，放入汆过水的排骨段。5.撒上姜片，倒入洗净的薏米，再淋上少许料酒提味，略微搅拌。6.盖上盖，煮沸后转小火煮约30分钟，至排骨七成熟。7.揭开盖，倒入切好的苦瓜。8.加少许盐、鸡粉搅匀调味，略煮片刻至汤汁入味，盛出即可。

营养功效 薏米可以降低血液中胆固醇及三酰甘油的含量。此汤煲对降低高血压及心脏病的发病概率很有帮助，适合老爸老妈经常食用。

菜心炒腊肠

⏱ 烹饪时间：12分钟
🍳 烹饪方法：热炒

材料： 菜心200克，腊肠150克，姜片、蒜末、葱段各少许

调料： 盐2克，鸡粉2克，水淀粉3毫升，料酒、食用油各适量

做法： 1.腊肠切成片；菜心洗净，切成两段，备用。2.用油起锅，倒入腊肠炒香，盛出，备用。3.锅留底油，倒姜片、蒜末、葱段爆香，放入菜心炒熟软，放入腊肠，加料酒、盐、鸡粉炒匀，加清水略炒，最后倒入水淀粉勾芡即可。

茶树菇炒腊肠

⏱ 烹饪时间：14分钟
🍳 烹饪方法：热炒

材料： 茶树菇200克，腊肠100克，姜片、蒜末、葱白各少许

调料： 料酒、盐、味精、水淀粉、食用油各适量

做法： 1.茶树菇洗净，切成两段；腊肠洗净，切片。2.锅中倒清水烧开，倒入茶树菇，焯煮片刻，捞出。3.热锅注油烧热，倒入腊肠，炸约半分钟，捞出备用。4.锅底留油，倒姜片、蒜末、葱白爆香，倒入茶树菇，淋入料酒炒匀，倒入腊肠，加盐、味精调味，加入水淀粉勾芡即可。

彩椒牛肉丝

🕐 烹饪时间：2分钟
🍴 烹饪方法：热炒

 材料：牛肉200克，彩椒丝90克，青椒40克，姜片、蒜末、葱段各少许

调料：白糖3克，食粉3克，料酒8毫升，盐、生抽、水淀粉、食用油各适量

做法：1.青椒切丝。2.牛肉洗净切条，用盐、生抽、食粉、水淀粉、食用油拌匀腌渍。3.清水烧开，加食用油、盐、青椒、彩椒丝煮至断生，捞出。4.食用油烧热，入姜片、蒜末、葱段，爆香。5.倒入牛肉、料酒炒匀。6.入彩椒、青椒，炒匀。7.入生抽、盐、白糖、水淀粉炒匀。8.盛出，装盘即可。

营养功效：牛肉中所含的氨基酸组成比猪肉更接近人体需要，能提高机体抗病能力，因此，老爸老妈适量食用牛肉更有益健康。

蒜薹炒肉丝

🕐 烹饪时间：2分钟
✕ 烹饪方法：热炒

材料： 牛肉240克，蒜薹120克，彩椒40克，姜片、葱段各少许

调料： 盐、鸡粉、白糖、生抽、食粉、生粉、料酒、水淀粉、食用油各适量

做法： 1.蒜薹切段；彩椒切条。2.牛肉切细丝，加盐、鸡粉、白糖、生抽、食粉、生粉、食用油拌匀腌渍。3.烧热油锅，倒入牛肉丝，小火滑至变色，捞出。4.锅底留油烧热，倒入姜片、葱段，爆香。5.放入蒜薹、彩椒，淋入料酒炒匀。6.放入牛肉丝，加盐、鸡粉、生抽、白糖调味，加水淀粉炒匀即可。

营养功效 蒜薹具有预防动脉硬化的功效；牛肉营养十分丰富，适量食用可增强免疫力。这道家常菜具有强身健体的功效，适合老爸老妈常常食用。

家常牛肉片

🕐 烹饪时间：24分钟
🍴 烹饪方法：热炒

材料： 牛肉300克，蒜苗70克，青椒块、红椒块各15克，姜片、蒜末、葱白各少许，卤水适量

调料： 盐2克，生抽5毫升，豆瓣酱、鸡粉、料酒、水淀粉、食用油各适量

做法： 1.牛肉洗净，放入煮沸的卤水中，小火卤至入味，取出装盘，切片。2.蒜苗洗净，切段。3.炒锅注油烧热，入姜片、蒜末、葱白，爆香，入蒜苗、青椒块、红椒块，炒至断生，入牛肉片、料酒。4.转小火，放入豆瓣酱、生抽、盐、鸡粉翻炒，入水淀粉勾芡，装盘即可。

苦瓜拌牛肉

🕐 烹饪时间：5分钟
🍴 烹饪方法：凉拌

材料： 苦瓜300克，熟牛腱肉150克

调料： 盐、白糖、香油、红油、花椒油、味精各适量

做法： 1.熟牛腱肉切片，摆盘。2.苦瓜洗净，去瓤，切片，焯水，捞出，沥干水分，装碗，再加入白糖、盐、香油拌均匀。3.将苦瓜摆在熟牛腱肉片上。4.将花椒油、红油、味精拌匀的汁浇在苦瓜上即可。

黄瓜炒牛肉

◎ 烹饪时间：20分钟
✗ 烹饪方法：热炒

材料： 黄瓜150克，牛肉90克，红椒20克，姜片、蒜末、葱段各少许

调料： 盐、鸡粉、生抽、料酒、食粉、水淀粉、食用油各适量

做法： 1.洗净的黄瓜切小块。2.洗好的红椒切小块。3.牛肉洗净切片，入碗，放入食粉、生抽、盐、水淀粉、食用油拌匀腌渍。4.油烧四成热，放入牛肉片滑至变色，捞出。5.锅底留油，入姜片、蒜末、葱段爆香。6.入红椒、黄瓜、牛肉片炒匀，加料酒、盐、鸡粉、生抽调味，入水淀粉勾芡即可。

营养功效 牛肉含有较多的锌，可以支持蛋白质的合成，有增强免疫力的作用。老爸老妈适量食用本品，对控制血糖有一定好处，还有强身健体的作用。

胡萝卜炒牛肉

🕐 烹饪时间：13分钟
🍴 烹饪方法：热炒

材料：牛肉350克，胡萝卜丝200克，鸡蛋1个

调料：盐、味精、酱油、料酒、食用油各适量

做法：1.牛肉洗净，切丝。2.油烧至八成热，放牛肉丝煸炒至断生，烹入料酒、酱油，加胡萝卜丝略炒盛出。3.锅留底油，磕入鸡蛋，炒散呈小块蛋花，放牛肉、胡萝卜丝，加盐、味精炒熟，装盘即可。

玉米年糕炒牛肉

🕐 烹饪时间：22分钟
🍴 烹饪方法：热炒

材料：年糕、玉米粒各150克，牛肉250克，红椒丁60克

调料：盐、味精、蚝油、蛋清、料酒、淀粉、水淀粉、葱油、食用油各适量

做法：1.年糕切丁，焯水后捞出，沥干。2.牛肉洗净，切丁，加料酒、盐、味精、蛋清、淀粉拌匀，腌渍片刻，再入油锅滑熟，捞出。3.葱油烧热，下蚝油略炒，将年糕、玉米粒、红椒丁入锅炒匀，再加牛肉稍炒，加盐炒匀，用水淀粉勾芡即可。

菠萝蜜炒牛肉

烹饪时间：50分钟
烹饪方法：热炒

材料： 菠萝蜜200克，牛肉150克，彩椒45克，蒜片、姜片、葱段各少许

调料： 盐、鸡粉、白糖、食粉、料酒、生抽、水淀粉、食用油各适量

做法： 1.菠萝蜜、彩椒洗净切块。2.牛肉洗净，切片，加食粉、生抽、盐、鸡粉、水淀粉、食用油拌匀，腌渍。3.牛肉片入油锅搅匀。4.滑油半分钟，捞出。5.用油起锅，入姜片、蒜片、葱段爆香。6.入彩椒、菠萝蜜炒匀。7.入牛肉、料酒炒香，加生抽、盐、鸡粉、白糖调味。8.入水淀粉炒匀即成。

营养功效　牛肉具有补中益气、滋养脾胃、强健筋骨的良好功效；菠萝蜜可促进体内血液循环。这道家常菜具有补中益气的功效，适合老爸老妈经常食用。

山楂菠萝炒牛肉

烹饪时间：40分钟　　**烹饪方法：热炒**

材料： 牛肉片200克，水发山楂片25克，菠萝600克，圆椒块少许

调料： 番茄酱30克，鸡粉2克，食粉少许，盐、料酒、水淀粉、食用油各适量

做法： 1.把牛肉片装入碗中，加入少许盐、料酒、水淀粉、食用油、食粉拌匀腌渍。2.将洗好的菠萝对半切开，取一半挖空果肉，制成菠萝盅。3.再把菠萝肉切小块，待用。4.油烧四五成热，倒入牛肉，炒至变色，加圆椒炒香，捞出。5.锅底留油烧热，倒入山楂片、菠萝肉，炒匀，挤入番茄酱。6.倒入牛肉、圆椒，炒匀。7.淋入料酒，加盐、鸡粉、水淀粉。8.中火炒匀，至食材熟透，装入菠萝盅即成。

营养功效　山楂具有健脾理气的功效；牛肉具有补脾胃、强筋骨的作用。这道家常菜还具有增强食欲、促进消化的功效，是老爸老妈最喜爱的家常菜之一。

果味牛肉

🕐 烹饪时间：20分钟
✕ 烹饪方法：热炒

 材料： 香瓜片150克，猕猴桃片100克，牛肉250克，草莓酱、蛋清各适量

调料： 盐、味精、白糖、淀粉、水淀粉、食用油各适量

做法： 1.牛肉洗净，切片，加盐、淀粉、蛋清拌至上浆。2.油锅烧热，倒入草莓酱炒香，再加入牛肉、盐、味精、白糖炒匀，用水淀粉勾芡，加洗净的香瓜片、猕猴桃片翻炒片刻，出锅装盘即可。

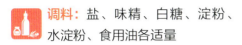

香葱牛肉

🕐 烹饪时间：14分钟
✕ 烹饪方法：热炒

 材料： 牛柳350克，芝麻10克，香葱段少许

调料： 孜然粒、辣椒粉、五香粉、盐、味精、淀粉、食用油各适量

做法： 1.牛柳洗净，切长条，加盐、味精、淀粉拌匀码味。2.油烧热，下入牛柳，半滑半炸至牛肉汁干后盛出。3.加辣椒粉、五香粉、孜然粒炒香，放牛柳，再加盐、味精调味，最后加香葱段翻炒，撒芝麻即成。

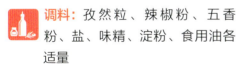

滑蛋牛肉

- 烹饪时间：10分钟
- 烹饪方法：热炒

材料： 牛肉200克，鸡蛋2个，葱花少许

调料： 盐、鸡粉、料酒、生抽、水淀粉、食用油各适量

做法： 1.洗净的牛肉切成片，装入碗中，加入少许生抽、盐、鸡粉、水淀粉、食用油拌匀，腌渍。2.鸡蛋打入碗中，打散调匀。3.加入少许盐、鸡粉、水淀粉，调匀。4.用油起锅，倒入牛肉，炒至转色，淋入料酒，炒香。5.倒入蛋液，拌炒至熟。6.撒入少许葱花，炒出葱香味即可。

营养功效　牛肉可增强免疫力，促进蛋白质的新陈代谢和合成；鸡蛋含有的卵磷脂可提高人体血浆蛋白量。本菜可增强老爸老妈的免疫力。

翡翠牛肉粒

⏱ 烹饪时间：14分钟
🍴 烹饪方法：热炒

材料： 豌豆300克，牛肉100克，白果20克

调料： 盐3克，食用油适量

做法： 1.豌豆、白果分别洗净，沥干；牛肉洗净，切粒。2.锅中倒油烧热，下入牛肉炒至变色，盛出。3.净锅再倒油烧热，下入豌豆、白果炒熟，倒入牛肉炒匀，加盐调味即可。

芦笋牛肉粒

⏱ 烹饪时间：12分钟
🍴 烹饪方法：热炒

材料： 牛肉粒200克，芦笋、青椒、红椒各适量，姜片少许

调料： 盐、鸡精、料酒各少许

做法： 1.芦笋、青椒、红椒分别洗净切块，焯水；牛肉粒洗净，加盐、鸡精、料酒拌匀，腌渍。2.用油起锅，放入姜片爆香，倒入牛肉粒炒匀，淋入料酒提味，倒入芦笋、青椒、红椒翻炒至熟。3.加盐、鸡精调味，即可出锅。

菠萝牛肉盅

烹饪时间：40分钟
烹饪方法：热炒

材料： 菠萝1个，牛肉80克，竹笋10克，甜椒5克，洋菇5克，山楂10克，姜末3克

调料： 番茄酱5克，薯粉4克，盐2克，食用油适量

做法： 1.菠萝挖去果肉，做成容器；山楂洗净，入沸水中煮30分钟，捞出。2.甜椒、洋菇、竹笋、牛肉均洗净，切块。3.起油锅，下姜末、牛肉、甜椒、洋菇、竹笋拌炒，入番茄酱、薯粉、盐炒匀，装入菠萝盅即可。

西湖牛肉羹

烹饪时间：35分钟
烹饪方法：炖煮

材料： 牛里脊肉350克，河蟹1只，水发香菇10克，香菜末少许

调料： 盐、水淀粉、香油各适量

做法： 1.牛里脊肉洗净，切末；香菇洗净，去蒂，切末。2.河蟹处理干净，切块，煮熟，挖出蟹肉。3.锅中加清水烧沸，加入牛肉末、香菇末及蟹肉煮熟，加盐调味，用水淀粉勾芡调匀，出锅装盘，淋上香油，撒上香菜末即可。

山药牛肉汤

⏲ 烹饪时间：25分钟
✕ 烹饪方法：炖煮

材料： 山药200克，牛肉125克，枸杞5克，香菜末3克

调料： 盐3克

做法： 1.将山药去皮，洗净，切块；牛肉洗净，切块，氽水后捞出；枸杞洗净，备用。2.净锅上火，倒入清水，调入盐，下入山药、牛肉、枸杞煲至熟，撒入香菜末即可。

牛肚汤

⏲ 烹饪时间：2.5小时
✕ 烹饪方法：炖煮

材料： 牛肚600克，芡实20克，薏仁30克，淮山药20克，白果5个，蜜枣5枚，姜片10克

调料： 盐、淀粉各适量

做法： 1.芡实、薏仁、淮山药、白果、蜜枣分别洗净。2.牛肚刮洗干净，加盐、淀粉反复揉洗干净，再氽水，捞出，切长条。3.锅中放入芡实、薏仁、淮山药、白果、蜜枣、牛肚，加水，放入姜片，大火煲2小时，加适量盐调味即成。

香菜炒羊肉

> 烹饪时间：4分钟
> 烹饪方法：热炒

材料： 羊肉300克，黄椒、红椒各10克，姜片、香菜段各适量

调料： 盐3克，孜然粉、食用油各适量

做法： 1.黄椒、红椒分别洗好，切丝。2.羊肉洗净切片。3.锅中加油烧热，加盐、羊肉、姜片，炒至羊肉变色。4.入黄椒、红椒炒匀。5.撒上孜然粉，炒至食材八分熟。6.倒入备好的香菜段炒至全部食材熟透。

营养功效　香菜有促进食欲的作用；羊肉有保肝护肾、益气补血、补虚温中的作用。本品具有增强体质的作用，老爸老妈经常适量食用对身体有益。

松仁炒羊肉

> 烹饪时间：30分钟
> 烹饪方法：热炒

材料： 羊肉400克，彩椒60克，豌豆80克，松仁、胡萝卜片、姜片、葱段各少许

调料： 食粉1克，生抽5毫升，盐、鸡粉、料酒、水淀粉、食用油各适量

做法： 1.彩椒切块。2.羊肉切片，加食粉、盐、鸡粉、生抽、水淀粉腌渍。3.清水烧热，加食用油、盐、豌豆、彩椒、胡萝卜焯水，捞出。4.松仁入油锅炸香，捞出。5.入羊肉炸变色，捞出。6.爆香姜片、葱段，入焯水食材炒匀。7.放入羊肉、料酒炒匀，加鸡粉、盐。8.入水淀粉炒匀，放上松仁即可。

营养功效 松仁中的磷和锰含量丰富，对大脑和神经有补益作用；羊肉是补益佳品，适量食用可增强体质。本品具有强身健体之效，适合老爸老妈食用。

子姜炒羊肉丝

烹饪时间：30分钟
烹饪方法：热炒

材料： 羊肉300克，子姜丝100克，甜椒丝60克，青蒜段50克，香菜段少许

调料： 黄酒、水淀粉、酱油、盐、醋、食用油各适量

做法： 1.羊肉洗净切丝，用黄酒、盐、水淀粉、酱油拌匀，略腌。2.油烧热，放子姜丝煸香，加羊肉、甜椒丝、青蒜段一齐煸炒，放黄酒、盐调味，撒上香菜段，再加醋炒匀即可。

山楂马蹄炒羊肉

烹饪时间：15分钟
烹饪方法：热炒

材料： 羊肉100克，山楂80克，马蹄肉70克，姜片、蒜末、葱段各少许

调料： 盐、鸡粉、白糖各少许，生抽7毫升，料酒、水淀粉、食用油各适量

做法： 1.山楂剁成碎末；马蹄肉切片；羊肉切片后加盐、鸡粉、料酒、水淀粉、食用油腌渍。2.清水烧热，倒入山楂煮10分钟。3.羊肉入油锅滑至变色，捞出。4.姜片、蒜末、葱段倒入油锅爆香，倒入马蹄片略炒，入羊肉片，加盐、鸡粉、生抽、白糖、料酒调味，倒入山楂末炒熟即可。

苦瓜炒羊肉

🕐 烹饪时间：20分钟　　🍳 烹饪方法：热炒

材料： 苦瓜200克，羊肉150克，红椒15克，姜片、蒜末、葱白各少许

调料： 水淀粉、盐、生抽、老抽各3毫升，料酒、白糖、鸡粉、食粉、食用油各适量

做法： 1.洗净的红椒切成小片。2.洗好的羊肉切成片，入碗中，加少许盐、生抽、鸡粉、水淀粉、食用油拌匀，腌渍。3.锅中倒入适量清水，大火烧开，加入少许食粉，倒入洗净切片的苦瓜，煮1分钟捞出。4.用油起锅，倒入姜片、蒜末、葱白、红椒，爆香。5.把羊肉倒入锅中，炒匀，加少许料酒炒香。6.倒入苦瓜，炒匀。7.加入少许盐、鸡粉、白糖，淋入老抽，炒匀调味。8.倒入水淀粉，将锅中材料炒至入味。

营养功效 苦瓜能使人肌肤红润有光泽、精力充沛、不易衰老。本品有降血糖、抗肿瘤、抗病毒、增强免疫力等作用，适合老爸老妈食用。

枸杞羊肉汤

烹饪时间：46分钟
烹饪方法：炖煮

材料：羊肉片300克，枸杞5克，姜片、葱段各少许

调料：盐2克，鸡粉2克，生抽3毫升，料酒适量

做法：1.锅中注入适量清水，用大火烧开，倒入洗好的羊肉片，淋入料酒，氽煮后捞出。2.砂锅中注入清水烧热，倒入备好的羊肉、姜片、葱段，淋入料酒。3.盖上锅盖，烧开后转中火煮约35分钟。4.揭开锅盖，倒入枸杞，加盐、鸡粉、生抽。5.盖上锅盖，续煮10分钟。6.搅拌均匀，至食材入味即可。

营养功效：枸杞含有蛋白质、甜菜碱、酸浆红素、铁、磷、镁、锌等营养成分，具有增强免疫力、清热明目、补虚益精等功效。本菜适合爸妈食用。

羊肉胡萝卜丸子汤

烹饪时间：20分钟
烹饪方法：焖煮

材料： 羊肉末150克，胡萝卜40克，洋葱20克，姜末少许

调料： 盐、鸡粉各少许，生抽3毫升，胡椒粉1克，生粉、食用油各适量

做法： 1.胡萝卜洗净，切粒。2.洋葱洗净切粒。3.取大碗，入羊肉末、盐、鸡粉、生抽、胡椒粉、姜末、洋葱、胡萝卜，拌匀。4.入生粉拌匀，搅打至起劲，制成羊肉泥。5.清水烧开，加入少许盐、鸡粉，略煮。6.把羊肉泥制成羊肉丸子，入开水锅中。7.盖上盖，中火煮至熟透。8.盛出，装碗即可。

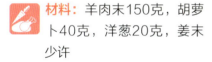

胡萝卜有降压降脂、改善微血管循环、降低血脂和血糖的作用；羊肉有补虚强身的作用。这道家常菜是老爸老妈日常生活中的养生佳品。

白菜羊肉丸子汤

> 烹饪时间：1小时
> 烹饪方法：焖煮

材料： 羊肉250克，白菜丝100克，豆腐皮100克，蛋清100克，黄芪15克，葱末、姜末各少许

调料： 淀粉、盐、料酒、香油各适量

做法： 1.羊肉洗净剁碎，加葱末、姜末拌出汁，加蛋清、盐、料酒、淀粉拌匀，做成羊肉丸。2.黄芪、豆腐皮丝、白菜丝入锅，加水炖30分钟，下羊肉丸煮至浮起，加盐、香油拌匀即可。

海参羊肉汤

> 烹饪时间：2.5小时
> 烹饪方法：炖煮

材料： 水发海参200克，羊肉150克，羊脊骨300克，生姜2片

调料： 盐、味精各2克

做法： 1.海参洗净；羊肉、羊脊骨洗净斩块。2.羊肉、羊脊骨下沸水中汆水后捞出，洗净。3.将海参、羊肉、羊脊骨放入煲中，加适量清水，烧开后，小火煲2小时，再加盐、味精调味即可。

酸奶烩羊肉

🕐 烹饪时间：35分钟
✕ 烹饪方法：焖煮

材料： 羊肉块350克，酸奶100毫升，洋葱块50克，山药块、胡萝卜块各100克，蒜末、姜末、红酒各适量

调料： 盐、胡椒粉、迷迭香、月桂叶、食用油各适量

做法： 1.羊肉块洗净，汆水。2.锅中加油烧热，放入蒜末、姜末爆香，加洋葱块、胡萝卜块和山药块炒，加红酒略煮，放酸奶、清水，放盐、蒜末、姜末、迷迭香、月桂叶，撒胡椒粉，稍煮至熟即可。

水晶羊肉

🕐 烹饪时间：60分钟
✕ 烹饪方法：清蒸

材料： 羊肉500克，琼脂400克，香菜10克

调料： 盐4克，味精2克，鲜椒味汁适量

做法： 1.羊肉洗净切丝，汆熟，入碗；香菜洗净去根；琼脂加清水，放入蒸笼稍蒸后取出，加盐、味精调味。2.将琼脂汁倒入羊肉碗里，放入冰箱冷却成冻，取出来，撒上香菜，蘸上鲜椒味汁即可食用。

红枣板栗焖兔肉

烹饪时间：57分钟
烹饪方法：焖煮

材料： 兔肉块230克，板栗肉80克，红枣15克，姜片、葱条各少许

调料： 料酒7毫升，盐、鸡粉各2克，胡椒粉3克，芝麻油3毫升，水淀粉10毫升，食用油适量

做法： 1.清水烧开，入洗净的兔肉块，加姜片、葱条、料酒汆煮，捞出。2.用油起锅，放入兔肉块炒匀。3.倒入姜片、葱条爆香，淋入料酒，炒匀。4.注清水，倒入洗净的红枣、板栗肉焖40分钟。5.加盐拌匀，加盖，中小火焖约15分钟。6.揭盖，加鸡粉、胡椒粉、芝麻油，大火收汁，用水淀粉勾芡即可。

营养功效 红枣具有益气补血、健脾和胃、益心润肺等功效；兔肉营养丰富。本品具有补血养生之效，适合老爸老妈适量食用。

1

2

3

4

5

手撕兔肉

🕐 烹饪时间：2分钟　🍴 烹饪方法：凉拌

6

材料： 熟兔肉块500克，红椒20克，蒜末、葱花各少许

调料： 盐3克，生抽3毫升，鸡粉、陈醋、芝麻油各适量

7

做法： 1.洗净的红椒切开，去子，再切成粒。2.将熟兔肉块的骨头剔除。3.再用刀把兔肉拍松散。4.将兔肉撕成细丝。5.把兔肉丝倒入碗中。6.加入少许蒜末、葱花、红椒丝。7.放入生抽、陈醋、盐、鸡粉。8.再淋入少许芝麻油，用筷子拌匀至入味即可。

8

营养功效 兔肉是高蛋白、低脂肪、低胆固醇的食品，还富含卵磷脂。老爸老妈经常适量食用这道菜肴，既可满足营养需求，又可祛病健身。

豌豆烧兔肉

烹饪时间：16分钟
烹饪方法：焖炒

材料： 兔肉400克，豌豆150克，姜片、蒜末、葱花各少许

调料： 辣椒酱10克，生抽3毫升，老抽、鸡粉、盐、料酒、水淀粉、食用油各适量

做法： 1.兔肉洗净，斩小块，氽水后捞出。2.清水烧开，加食用油、盐、豌豆，煮2分钟捞出。3.姜片、蒜末、葱花入油锅爆香。4.倒入兔肉，炒匀，加料酒、辣椒酱炒匀。5.倒入老抽、生抽调味，加清水、盐、鸡粉炒匀，焖煮8分钟。6.倒入豌豆，焖煮5分钟。7.倒入水淀粉。8.锅中食材炒至入味即可。

营养功效： 兔肉高蛋白、低脂肪、低胆固醇，能补充人体所需营养；豌豆能增强体质。经常适量食用本菜，可补充能量，帮助缓解疲劳。

兔肉汤

🕐 烹饪时间：40分钟
🍴 烹饪方法：炖煮

材料： 兔肉200克，桂圆、马蹄各100克，枸杞10克，葱、生姜各适量

调料： 盐、香油、小茴香各适量

做法： 1.枸杞洗净，泡好；桂圆去壳，取肉待用。2.将马蹄洗净去皮，切片。3.将兔肉洗净，切成块，加水熬成半黏稠状，再拣去兔骨，加桂圆、马蹄、枸杞、葱、生姜、小茴香，再加盐、香油调味，煮沸即可。

杏鲍菇炖兔肉

🕐 烹饪时间：45分钟
🍴 烹饪方法：热炒

材料： 杏鲍菇100克，兔肉200克，姜片4克，清汤适量

调料： 盐4克，鸡精2克，食用油适量

做法： 1.杏鲍菇洗净，切成薄片；兔肉洗净，切成小块。2.锅中加清水烧开，下入兔肉块汆水后，捞出。3.锅上火，加油烧热，下入兔肉块、姜片爆炒后，再加入杏鲍菇炒匀，添入清汤，煮10分钟后，调入盐、鸡精即可。

兔肉萝卜煲

🕐 烹饪时间：18分钟　　🍴 烹饪方法：焖煮

材料：兔肉500克，白萝卜500克，香叶、八角、草果、姜片、葱段各少许

调料：盐2克，料酒10毫升，生抽10毫升，食用油适量

做法：1.洗净去皮的白萝卜对半切开，切段，再切成小块。2.锅中注清水烧开，倒入洗净的兔肉，汆去血水，捞出。3.用油起锅，放入姜片、葱段，爆香，倒入兔肉，翻炒匀。4.放入香叶、八角、草果，淋入料酒，倒入生抽炒出香味。5.加入适量清水，煮至沸，放入白萝卜，炒匀。6.盖上盖，用小火焖15分钟，至食材熟透。7.将锅中的食材转到砂锅中，置于大火上，加盐搅匀。8.煮好后出锅，放入葱段即可。

营养功效：白萝卜含有蛋白质、香豆酸等营养成分，其中香豆酸能降低血糖，促进脂肪的代谢，适合糖尿病合并肥胖症患者食用。本品具有较好的养生功效。

PART 4

可口禽蛋

合理的饮食搭配对身体健康有重要的影响，而禽蛋类是日常饮食中不可缺少的食材，能为机体提供优质的蛋白质，对改善体质、提高抗病能力都很有帮助。

本章将详细介绍禽蛋类食材的烹饪方法，这些菜谱根据中老年人的体质特征精选而来，既能补充营养，对中老年人常见的病症也有防治作用。

蒜香鸡块

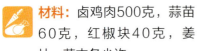

烹饪时间：4分钟
烹饪方法：热炒

材料： 卤鸡肉500克，蒜苗60克，红椒块40克，姜片、蒜末各少许

调料： 盐2克，白糖2克，鸡粉2克，辣椒油4毫升，料酒10毫升，食用油适量

做法： 1.将洗净的蒜苗切成段。2.用油起锅，放入蒜末、姜片，爆香。3.倒入洗净斩件的卤鸡块，炒出香味，淋入料酒，炒匀，加入盐、白糖、鸡粉，炒匀调味。4.放入红椒块，炒匀。5.倒入蒜苗梗，炒至熟软。6.再放入蒜苗叶、辣椒油，翻炒匀即可。

营养功效 鸡肉富含维生素E，其蛋白质含量较高，而且消化率高；蒜苗可为人体补充丰富的维生素。常食此菜有增强体力、强壮身体的作用。

木耳炒鸡片

烹饪时间：20分钟　　烹饪方法：热炒

材料： 木耳40克，鸡胸肉100克，彩椒块40克，姜片、蒜末、葱段各少许

调料： 盐、鸡粉、生抽、料酒、水淀粉、食用油各适量

做法： 1.洗净的鸡胸肉切片。2.鸡胸肉用盐、鸡粉、水淀粉、食用油拌匀，腌渍10分钟。3.清水烧开，加食用油、盐，放入彩椒块，放入洗净切块的木耳，煮1分钟，捞出。4.油烧至五成热，放入鸡胸肉，滑油至变色，捞出。5.锅底留油，放入姜片、蒜末、葱段，爆香。6.倒入木耳、彩椒块，炒匀，入鸡胸肉炒匀。7.淋入料酒，炒香，加生抽、盐、鸡粉调味。8.倒入水淀粉炒匀，盛盘即可。

营养功效　木耳具有益气补血、强壮身体的功效；鸡肉的蛋白质中含全部必需氨基酸，是优质蛋白质的重要来源。此菜可改善体质，增强免疫力。

彩椒木耳炒鸡肉

⏱ 烹饪时间：20分钟
🍳 烹饪方法：热炒

 材料：彩椒块70克，鸡胸肉200克，水发木耳40克，蒜末、葱段各少许

 调料：料酒10毫升，蚝油4克，盐、鸡粉、水淀粉、食用油各适量

做法：1.鸡胸肉切片。2.鸡肉用盐、鸡粉、水淀粉、食用油腌渍。3.清水烧开，加盐、食用油，倒入木耳煮沸。4.放入彩椒块，煮至断生。5.捞出木耳和彩椒块。6.蒜末、葱段入油锅爆香，入鸡肉片，炒变色。7.淋入料酒提味，倒入焯过水的食材炒匀。8.加盐、鸡粉、蚝油、水淀粉炒匀即可。

营养功效：彩椒所含的辣椒素能促进胆固醇的新陈代谢，防止体内胆固醇积存；木耳含有维生素K，能减少血液凝块。常食此菜可降低心脑血管发病的概率。

豌豆苗炒鸡片

🕐 烹饪时间：5分钟
🍴 烹饪方法：热炒

材料： 豌豆苗200克，鸡胸肉200克，彩椒40克，蒜末、葱段各少许

调料： 盐、鸡粉、水淀粉、食用油各适量

做法： 1.彩椒洗净切小块；鸡胸肉洗净切片，装碗，加盐、鸡粉、水淀粉、食用油拌匀，腌渍入味。2.鸡肉片氽水后捞出。3.用油起锅，倒入蒜末、葱段、彩椒、鸡肉片、豌豆苗，翻炒至食材熟软，加盐、鸡粉、水淀粉，翻炒匀，盛出即可。

西蓝花炒鸡片

🕐 烹饪时间：5分钟
🍴 烹饪方法：热炒

材料： 西蓝花200克，鸡胸肉100克，胡萝卜50克，姜片、蒜末、葱白各少许

调料： 盐、鸡粉、料酒、水淀粉、食用油各适量

做法： 1.西蓝花洗净切小朵；胡萝卜洗净切片；鸡胸肉洗净切片，装碗，加盐、鸡粉、水淀粉、食用油拌匀腌渍。2.胡萝卜、西蓝花分别焯水后捞出。3.用油起锅，放胡萝卜片、姜片、蒜末、葱白翻炒，加肉片、料酒、清水、盐、鸡粉，炒匀，水淀粉勾芡。4.取西蓝花摆盘，倒入食材即可。

芙蓉鸡片

> 烹饪时间：4分钟
> 烹饪方法：热炒

材料： 鸡胸肉230克，蛋清200克，彩椒块70克

调料： 盐、鸡粉、生粉、水淀粉、食用油各适量

做法： 1.鸡胸肉切片。2.鸡肉片用盐、鸡粉、蛋清、水淀粉、食用油拌匀，腌渍。3.取余下的蛋清加生粉，搅成蛋液。4.清水烧开，加食用油、彩椒块，略煮，捞出。5.鸡肉入油锅略炸捞出。6.锅底留油，将蛋液炒至六成熟。7.入鸡肉片、彩椒。8.加盐、鸡粉，炒匀即成。

营养功效： 彩椒有增进食欲、促进消化的功效；鸡肉可为机体补充丰富的蛋白质。此菜对改善食欲不振有一定的作用。

上海青炒鸡片

> 烹饪时间：20分钟
> 烹饪方法：热炒

材料： 鸡胸肉130克，上海青150克，红椒块30克，姜片、蒜末、葱段各少许

调料： 盐、鸡粉、料酒、水淀粉、食用油各适量

做法： 1.上海青洗净对半切开；鸡胸肉洗净切片，装碗，加盐、鸡粉、水淀粉、食用油拌匀，腌渍入味。2.锅中注清水烧开，倒入油，加入上海青焯煮1分钟后捞出。3.用油起锅，入姜片、蒜末、葱段爆香，放红椒块、鸡肉片、料酒，炒至松散，加上海青、鸡粉、盐炒匀，用水淀粉勾芡即可。

芦荟百合松仁鸡丁

> 烹饪时间：10分钟
> 烹饪方法：热炒

材料： 鸡胸肉300克，芦荟95克，百合50克，彩椒45克，松仁40克，蛋清80毫升

调料： 盐、鸡粉、料酒、水淀粉、芝麻油、食用油各适量

做法： 1.芦荟、彩椒洗净切丁；鸡胸肉洗净切丁，装碗，加蛋清、料酒、盐、水淀粉、芝麻油拌匀，腌渍。2.彩椒丁、芦荟丁、百合焯水后捞出。3.松仁入油锅炸至呈金黄色后捞出。4.锅底留油烧热，放鸡肉丁、料酒、焯过水的食材翻炒，加盐、鸡粉调味，水淀粉勾芡入味，盛出装盘，撒松仁即可。

茭白鸡丁

烹饪时间：10分钟
烹饪方法：热炒

材料： 鸡胸肉250克，茭白100克，黄瓜100克，胡萝卜90克，蒜末、姜片、葱段各少许

调料： 盐、鸡粉、水淀粉、料酒、食用油各适量

做法： 1.胡萝卜、黄瓜、茭白、鸡胸肉洗净，切丁。2.鸡丁用盐、鸡粉、水淀粉、食用油腌渍。3.清水烧开，放盐、鸡粉、胡萝卜、茭白，煮1分钟捞出。4.鸡丁汆水。5.姜片、蒜末、葱段入油锅爆香，倒入鸡肉、料酒炒香。6.倒入黄瓜丁、胡萝卜、茭白，炒匀，加盐、鸡粉、水淀粉炒匀即可。

营养功效 胡萝卜有助于降低胆固醇；茭白含有维生素E、钾等营养成分，具有利尿止渴的功效，适宜高血压病人和水肿患者食用。此菜可稳定血压。

鸡丁萝卜干

🕐 烹饪时间：10分钟
❎ 烹饪方法：热炒

材料： 鸡胸肉150克，萝卜干160克，红椒片30克，姜片、蒜末、葱段各少许

调料： 盐、鸡粉、料酒、水淀粉、食用油各适量

做法： 1.萝卜干洗净切丁；鸡胸肉洗净切丁，装碗，加盐、鸡粉、水淀粉、食用油拌匀，腌渍入味。2.萝卜丁焯水后捞出。3.用油起锅，姜片、蒜末、葱段爆香，倒入鸡肉丁，炒至转色后加料酒、萝卜丁、红椒片，炒熟，加盐、鸡粉调味即可。

桃仁鸡丁

🕐 烹饪时间：2分钟
❎ 烹饪方法：热炒

材料： 核桃仁30克，鸡胸肉180克，青椒40克，胡萝卜50克，姜片、蒜末、葱段各少许

调料： 盐、鸡粉、食粉、料酒、水淀粉、食用油各适量

做法： 1.胡萝卜去皮洗净切丁；青椒、鸡胸肉洗净切丁；鸡胸肉装碗，加盐、鸡粉、水淀粉、食用油腌渍。2.胡萝卜、核桃仁焯水后捞出。3.核桃仁入油锅炸香后捞出。4.锅底留油，入姜片、蒜末、葱段爆香，入鸡肉、青椒、胡萝卜、料酒、盐、鸡粉，炒匀，加水淀粉勾芡，盛出，放核桃仁即可。

香菜炒鸡丝

烹饪时间：10分钟　　烹饪方法：热炒

材料： 鸡胸肉400克，香菜段120克，彩椒80克

调料： 盐、鸡粉各少许，水淀粉4毫升，料酒10毫升，食用油适量

做法： 1.洗好的彩椒切成丝。2.洗净的鸡胸肉切成块，改切片，再切成丝。3.将切好的鸡肉丝放入碗中，加入适量盐、鸡粉、水淀粉，拌匀。4.淋入少许食用油，腌渍10分钟至入味。5.热锅注油，烧至四成热，倒入鸡肉丝，搅散，滑油至变色。6.捞出鸡肉丝，沥干油，备用。7.锅底留油，倒入彩椒丝，略炒。8.放入鸡肉丝，加料酒、鸡粉、盐，炒匀，放入香菜段，炒匀后盛出即可。

营养功效　鸡肉中富含人体所需的氨基酸，而且消化率高，很容易被人体吸收利用，有强壮身体的作用；香菜具有开胃健脾的功效。此菜可改善体虚。

鸡丝凉瓜

烹饪时间：2分钟
烹饪方法：热炒

材料： 鸡胸肉100克，苦瓜110克，姜末少许

调料： 盐、鸡粉、料酒、白糖、料酒、水淀粉、食用油各适量

做法： 1.洗好的鸡胸肉切丝。2.鸡肉丝用盐、鸡粉、水淀粉、食用油拌匀，腌渍。3.洗净的苦瓜切条，入沸水中，加盐，中火煮2分钟，捞出。4.用油起锅，入姜末爆香，入鸡肉丝、料酒，炒至转色。5.倒入苦瓜，快速拌炒均匀。6.加入盐、白糖，炒匀调味，倒入水淀粉炒匀，装盘即可。

营养功效： 苦瓜含有蛋白质、矿物质、维生素和氨基酸等营养成分；鸡肉和其他肉类相比较，具有低热量的特点。此菜可补充营养、控制体重。

莲藕炖鸡

烹饪时间：17分钟
烹饪方法：焖煮

 材料：莲藕80克，光鸡180克，姜末、蒜末、葱花各少许

 调料：盐、鸡粉、生抽、料酒、白醋、水淀粉、食用油各适量

做法：1.鸡肉切小块。2.鸡块用盐、鸡粉、生抽、料酒拌匀，腌渍。3.清水烧开，倒入洗净去皮、切丁的莲藕，淋白醋，煮1分30秒。4.捞出沥水，放在碗中。5.姜末、蒜末入油锅爆香，放入鸡块炒匀。6.加生抽、料酒，炒香，加藕丁、清水。7.加盐、鸡粉、炒匀，煮沸。8.加水淀粉勾芡，撒葱花即成。

营养功效：莲藕富含铁、钙、植物蛋白、维生素、鞣质等，有补益气血的作用；鸡肉能为机体补充丰富的蛋白质。常食此菜可提高机体免疫力。

五彩鸡肉粒

🕐 烹饪时间：20分钟
✖ 烹饪方法：热炒

材料： 鸡胸肉150克，彩椒80克，青豆100克，姜片、蒜末、葱段各少许

调料： 盐、鸡粉、料酒、水淀粉、食用油各适量

做法： 1.彩椒洗净切丁；青豆洗净；鸡胸肉洗好切丁装碗，加盐、鸡粉、水淀粉、食用油拌匀腌渍。2.锅中注清水烧开，放入盐、食用油、青豆、彩椒拌匀，煮熟捞出。3.姜片、蒜末、葱段入油锅爆香，入鸡肉丁，炒至转色。4.入青豆、彩椒，加盐、鸡粉、料酒调味，入水淀粉勾芡即可。

土豆烧鸡块

🕐 烹饪时间：17分钟
✖ 烹饪方法：焖炒

材料： 鸡块400克，土豆200克，八角、花椒、姜片、蒜末、葱段各少许

调料： 盐2克，鸡粉2克，料酒10毫升，生抽10毫升，蚝油12克，水淀粉5毫升，食用油适量

做法： 1.土豆洗净去皮，切小块。2.锅中注清水烧开，入鸡块汆水，捞出。3.用油起锅，入葱段、蒜末、姜片、八角、花椒、鸡块炒匀，入料酒、生抽、蚝油、土豆块炒匀，加盐、鸡粉、清水。4.小火焖15分钟，用大火收汁，加水淀粉炒匀即可。

冬瓜蒸鸡

烹饪时间：17分钟　　烹饪方法：清蒸

材料： 鸡肉块300克，冬瓜200克，姜片、葱花各少许

调料： 盐2克，鸡粉2克，生粉、生抽、料酒各适量

做法： 1.将洗净的冬瓜去皮，切厚片，再切成小块，把切好的冬瓜装盘备用。2.把洗好的鸡肉块装入碗中，放入少许姜片。3.加入盐、鸡粉、生抽、料酒，抓匀。4.放入适量生粉，抓匀。5.将冬瓜装入盘中。6.再铺上鸡肉块。7.把冬瓜鸡块放入烧开的蒸锅中。8.盖上盖，用中火蒸15分钟，至食材熟透，将蒸好的冬瓜鸡块取出，再撒上少许葱花即成。

营养功效　鸡肉含有丰富的磷脂类物质、矿物质、维生素，有增强体力、强壮身体的作用；冬瓜具有化痰止咳、清热祛暑的功效。此菜适合爸妈经常食用。

青橄榄鸡汤

- 烹饪时间：43分钟
- 烹饪方法：炖煮

材料： 鸡肉350克，玉米块150克，胡萝卜70克，青橄榄40克，姜片、葱花各少许

调料： 鸡粉2克，胡椒粉少许，盐2克，料酒6毫升

做法： 1.鸡肉斩小块。2.锅中注清水烧开，放入鸡肉块，煮半分钟，捞出。3.砂锅中倒入清水烧开。4.倒入鸡块，放入青橄榄、姜片、玉米块，放入去皮洗净、切块的胡萝卜，淋入料酒。5.盖上盖，烧开后用小火煮40分钟。6.撇去浮沫，加盐、鸡粉、胡椒粉，拌匀，煮至入味，装碗，放葱花即可。

营养功效 鸡肉具有增强免疫力、温中益气、补虚填精、健脾胃等功效；青橄榄具有生津解毒的功效。此菜可增强抵抗力，抑制细菌病毒的入侵。

茯苓胡萝卜鸡汤

烹饪时间：63分钟
烹饪方法：炖煮

材料： 鸡肉块500克，胡萝卜100克，茯苓25克，姜片、葱段各少许

调料： 料酒适量，盐2克，鸡粉2克

做法： 1.胡萝卜洗净，去皮切块。2.锅中注清水烧开，倒入鸡肉块，搅散，淋入料酒，搅匀，氽去血水。3.捞出鸡肉，装入盘中。4.砂锅中注入适量清水烧开，放入备好的姜片、茯苓，倒入鸡肉块，放入胡萝卜块。5.淋入少许料酒，用小火炖煮1小时。6.揭开盖，加盐、鸡粉调味，盛出即可。

营养功效

胡萝卜具有增强免疫力、降血压等功效；具有利水渗湿、益脾和胃、宁心安神之功效。此菜对机体的补益作用好，适合爸妈经常食用。

板栗枸杞炒鸡翅

🕐 烹饪时间：10分钟
🍴 烹饪方法：焖炒

材料： 板栗120克，水发莲子100克，鸡中翅200克，枸杞、姜片、葱段各少许

调料： 生抽、白糖、盐、鸡粉、料酒、水淀粉、食用油各适量

做法： 1.鸡中翅斩小块，加生抽、白糖、盐、鸡粉、料酒拌匀腌渍。2.鸡中翅入油锅，炸至微黄，捞出。3.锅底留油，放姜片、葱段爆香，倒入鸡中翅、料酒，炒香。4.加板栗、莲子、生抽、盐、鸡粉、白糖、清水，小火焖至入味，加枸杞、水淀粉炒匀即可。

老干妈炒鸡翅

🕐 烹饪时间：8分钟
🍴 烹饪方法：焖炒

材料： 鸡中翅300克，青椒10克，红椒10克，姜片、葱段各少许

调料： 生抽、料酒各5毫升，老干妈25克，辣椒酱10克，盐、鸡粉、料酒、水淀粉、生粉、食用油各适量

做法： 1.青椒、红椒切小块；鸡中翅洗净斩块，加盐、鸡粉、生抽、料酒、生粉腌渍。2.鸡中翅入油锅炸至呈金黄色后捞出。3.姜片入油锅爆香，放老干妈、辣椒酱、鸡中翅、料酒，炒匀，加盐、鸡粉、清水，焖至入味，加青椒、红椒，水淀粉勾芡，放葱段即可。

番茄鸡翅

烹饪时间： 20分钟　　**烹饪方法：** 热炒

材料： 鸡翅400克，姜片、葱花各少许

调料： 盐2克，白糖6克，生抽2毫升，料酒3毫升，番茄酱20克，食用油少许

做法： 1.洗净的鸡翅两面都切上一字花刀。2.把处理好的鸡翅装入盘中，撒上姜片，加入盐。3.淋入生抽、料酒，腌渍约15分钟。4.锅中注入适量食用油，烧至六成热。5.放入腌好的鸡翅，拌匀，用小火炸约3分钟至其呈金黄色。6.捞出炸好的鸡翅，沥干油，待用。7.锅留底油，倒入备好的番茄酱、白糖，搅拌匀。8.放入炸好的鸡翅，炒至入味，关火后夹出鸡翅，摆放在盘中，撒上葱花即可。

营养功效： 鸡翅含有蛋白质、钙、磷、铁等营养成分，具有温中补脾、补气养血等功效；姜有促进机体新陈代谢的作用。常食此菜可提高机体抗病能力。

滑嫩蒸鸡翅

- 烹饪时间：11分钟
- 烹饪方法：清蒸

材料： 鸡翅200克，木耳70克，枸杞8克，姜片、葱花各少许

调料： 盐2克，鸡粉2克，生粉10克，生抽2毫升，芝麻油、料酒各适量

做法： 1.洗净的木耳放入清水里，泡至发开。2.洗好的鸡翅装碗，放入枸杞，加入盐、鸡粉、生抽、料酒、姜片抓匀。3.倒入生粉拌匀，淋入芝麻油抓匀。4.取一个盘子，放上木耳，在木耳上放上鸡翅。5.把装有鸡翅的盘子放入烧开的蒸锅中。6.中火蒸10分钟，取出，撒上葱花即可。

营养功效　木耳有益气、润肺、活血等功效；鸡翅含有丰富的胶原蛋白，对血管、皮肤及内脏有重要影响。此菜能防治体虚导致的各种不适。

黄豆焖鸡翅

- 烹饪时间：22分钟
- 烹饪方法：焖煮

材料： 水发黄豆200克，鸡翅220克，姜片、蒜末、葱段各少许

调料： 生抽2毫升，盐、鸡粉、料酒、水淀粉、老抽、食用油各适量

做法： 1.洗净的鸡翅斩块，装碗，加盐、鸡粉、生抽、料酒、水淀粉抓匀，腌渍。2.用油起锅，放入姜片、蒜末、葱段，爆香。3.倒入鸡翅炒匀，淋入料酒炒香。4.加盐、鸡粉，炒匀调味，倒清水，放入黄豆，拌炒匀。5.放入老抽，炒匀，用小火焖20分钟。6.大火收汁，入水淀粉勾芡即可。

营养功效　黄豆含有蛋白质、钙、锌、铁、维生素等，可预防缺铁性贫血；鸡翅富含丰富的胶原蛋白。此菜能为机体补充丰富的营养，预防疾病的发生。

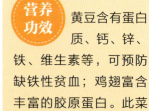

苦瓜焖鸡翅

> 烹饪时间：20分钟
> 烹饪方法：焖炒

材料： 苦瓜200克，鸡翅200克，姜、蒜、葱各少许

调料： 盐、鸡粉、料酒、生抽、小苏打、老抽、水淀粉、食用油各适量

做法： 1.苦瓜洗净，去子切段；鸡翅斩块，加生抽、盐、鸡粉、料酒腌10分钟。2.锅注清水烧开，放入小苏打、苦瓜，煮2分钟至断生捞出，待用。3.用油起锅，放姜、蒜、葱爆香，倒入鸡翅、料酒、盐、鸡粉、清水搅匀，小火焖5分钟，放入焯过水的苦瓜再焖3分钟，淋老抽拌匀，倒入水淀粉勾芡即可。

山药胡萝卜鸡翅汤

> 烹饪时间：32分钟
> 烹饪方法：炖煮

材料： 山药180克，鸡中翅150克，胡萝卜100克，姜片、葱花各少许

调料： 盐2克，鸡粉2克，胡椒粉少许，料酒适量

做法： 1.洗净去皮的山药切丁；洗好去皮的胡萝卜切小块；洗净的鸡中翅斩成小块。2.锅中加清水烧开，入鸡中翅、料酒煮沸，撇去浮沫，捞出。3.砂锅中加清水烧开，入鸡中翅、胡萝卜、山药、姜片、料酒，盖上盖，小火炖煮30分钟。4.入盐、鸡粉、胡椒粉，撇去浮沫，装碗，放入葱花即可。

菠萝炒鸭丁

🍳 烹饪时间：20分钟　　🍴 烹饪方法：热炒

材料： 鸭肉200克，菠萝丁180克，彩椒块50克，姜片、蒜末、葱段各少许

调料： 盐、鸡粉、蚝油、料酒、生抽、水淀粉、食用油各适量

做法： 1.洗净的鸭肉切小块。2.鸭肉用生抽、料酒、盐、鸡粉、水淀粉、食用油拌匀，腌渍10分钟。3.锅中注清水烧开，加食用油、菠萝丁、彩椒块，搅匀，煮半分钟，捞出。4.用油起锅，放入姜片、蒜末、葱段，用大火爆香。5.倒入腌好的鸭肉块，翻炒匀。6.再淋入少许料酒，炒香、炒透，倒入焯煮好的食材，快速翻炒几下。7.加入蚝油、生抽、盐、鸡粉，翻炒至食材入味。8.倒入水淀粉勾芡，盛出即可。

营养功效　鸭肉的脂肪含量较低，主要是不饱和脂肪酸，有养胃滋阴、清虚热的功效。爸妈经常食用鸭肉，有保护心脏的作用。

滑炒鸭丝

- 烹饪时间：9分钟
- 烹饪方法：热炒

材料： 鸭肉160克，彩椒丝60克，香菜段、姜末、蒜末、葱段各少许

调料： 盐、鸡粉、生抽、料酒、水淀粉、食用油各适量

做法： 1.将洗净的鸭肉切丝。2.鸭肉加生抽、料酒、盐、鸡粉、水淀粉、食用油拌匀，腌渍。3.用油起锅，入蒜末、姜末、葱段，爆香，放入鸭肉丝、料酒炒香。4.入生抽、彩椒丝，炒匀。5.放入盐、鸡粉，炒匀调味。6.入水淀粉勾芡，放香菜段，炒匀，盛出即可。

营养功效 鸭肉含有蛋白质、脂肪、维生素B_2及钙、磷、镁、锌等成分，适合身体虚弱的人食用。此菜能改善体质，增强免疫力。

莴笋玉米鸭丁

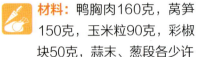

烹饪时间：9分钟
烹饪方法：热炒

材料： 鸭胸肉160克，莴笋150克，玉米粒90克，彩椒块50克，蒜末、葱段各少许

调料： 盐、鸡粉、料酒、生抽、水淀粉、芝麻油、食用油各适量

做法： 1.莴笋、鸭胸肉切丁。2.鸭肉丁用盐、料酒、生抽拌匀，腌渍。3.清水烧开，倒入盐、食用油、莴笋、玉米粒、彩椒块，煮1分钟捞出。4.鸭肉入油锅炒松散，加生抽、料酒提味，入蒜末、葱段，炒香。5.放入焯过水的食材，大火翻炒，加盐、鸡粉调味。6.加水淀粉勾芡，淋入芝麻油炒匀即可。

营养功效 鸭肉营养丰富且脂肪含量较低；玉米含有较多的镁，有促进血液循环、降低血压的作用。此菜在补充营养的同时还能帮助控制体重。

胡萝卜豌豆炒鸭丁

🕐 烹饪时间：8分钟
❌ 烹饪方法：热炒

材料： 鸭肉丁300克，豌豆120克，胡萝卜丁60克，圆椒丁20克，彩椒丁20克，姜片、葱段、蒜末各少许

调料： 盐、白糖、生抽、料酒、水淀粉、胡椒粉、鸡粉、食用油各适量

做法： 1.鸭肉丁用盐、生抽、料酒、水淀粉、食用油拌匀腌渍；胡萝卜、豌豆、彩椒、圆椒焯水。2.姜片、葱段入油锅爆香，放鸭肉、蒜末、料酒炒匀，入焯过水的食材，加盐、白糖、鸡粉、胡椒粉，加水淀粉勾芡即可。

鸭肉炒菌菇

🕐 烹饪时间：20分钟
❌ 烹饪方法：热炒

材料： 鸭肉丝170克，白玉菇100克，香菇片60克，彩椒丝、圆椒丝各30克，姜片、蒜片各少许

调料： 盐、鸡粉、生抽、料酒、水淀粉、食用油各适量

做法： 1.将鸭肉丝用盐、生抽、料酒、水淀粉拌匀，倒入食用油，腌渍。2.香菇丝、白玉菇、彩椒丝、圆椒丝洗净，焯水。3.姜片、蒜片倒入油锅爆香，倒入鸭肉丝翻炒，放入焯过水的食材，炒匀。4.加盐、鸡粉、水淀粉、料酒调味即可。

西芹鸭丁

烹饪时间：9分钟
烹饪方法：热炒

材料：鸭腿180克，西芹80克，彩椒40克，姜片、蒜末、葱白各少许

调料：盐、鸡粉、生抽、料酒、水淀粉、食用油各适量

做法：1.鸭腿、彩椒、西芹切丁。2.鸭肉丁用盐、鸡粉、生抽、水淀粉、食用油拌匀，腌渍15分钟。3.用油起锅，下入姜片、蒜末、葱白爆香，倒入鸭腿炒至转色。4.淋入适量料酒，炒香，倒入西芹、彩椒，拌炒匀。5.加盐、鸡粉，炒匀调味，淋入清水，翻炒片刻。6.倒入水淀粉炒匀，盛出即可。

营养功效：鸭肉是进补的优良食品，营养价值很高，其富含蛋白质、维生素A及磷、钾等成分；西芹有明显的降压作用。此菜是家庭保健食疗的佳品。

银耳鸭汤

⏱ 烹饪时间：32分钟
🍳 烹饪方法：炖煮

材料： 鸭肉450克，姜片25克，水发银耳100克，枸杞10克

调料： 盐3克，鸡粉2克，料酒、食用油各适量

做法： 1.洗净的银耳切小块。2.锅中清水烧开，倒入洗好、斩小块的鸭块，汆去血水，捞出。3.用油起锅，放入姜片，爆香，入鸭块、料酒，炒香。4.倒入清水煮沸。5.撇去浮沫，放入洗净的枸杞。6.将材料转到砂锅中，置火上，放入银耳。7.盖上盖，烧开后，小火炖30分钟。8.放鸡粉、盐调味即可。

> **营养功效** 鸭肉对食欲不振、身体虚弱有很好的食疗作用；银耳营养价值很高，具有扶正强壮的作用。此菜是滋补身体的佳品，适合爸妈经常食用。

莴笋烧鹅

烹饪时间：10分钟
烹饪方法：焖煮

材料： 鹅肉500克，莴笋200克，蒜苗段、红椒丝、姜片、蒜末、干辣椒各少许

调料： 盐、味精、料酒、生抽、水淀粉、食用油各适量

做法： 1.莴笋切滚刀块。2.起油锅，倒入洗净斩块的鹅肉，炒至变色，加料酒、生抽炒匀。3.倒入蒜末、姜片和干辣椒，倒入清水。4.加盐、味精调味，加盖焖5分钟。5.倒入莴笋。6.加盖焖煮约3分钟。7.大火收汁，倒入蒜苗段、红椒丝拌匀。8.加水淀粉勾芡，翻炒匀至入味，出锅装盘即成。

营养功效 鹅肉有高蛋白、低脂肪、低胆固醇的特点，长期食用能起到防癌、抗癌的作用；莴笋能改善消化系统的肝脏功能。此菜有很好的强身健体功效。

腐竹烧鹅

- 烹饪时间：10分钟
- 烹饪方法：焖炒

材料： 鹅肉200克，腐竹30克，姜片、葱段、胡萝卜片各少许

调料： 盐3克，水淀粉10毫升，味精、白糖、料酒、蚝油、老抽、葱油、食用油各适量

做法： 1.鹅肉洗净斩成块；腐竹入油锅炸至金黄色，捞出，入清水中浸泡，再切段。2.另起锅，注油烧热，入鹅肉炒至断生，入姜片、葱段、料酒炒匀。3.入清水焖煮，入腐竹炒匀，加盐、味精、白糖、蚝油、老抽调味，入胡萝卜片拌炒，加水淀粉、葱段炒匀。4.淋入葱油炒匀，盛出即成。

大鹅焖土豆

- 烹饪时间：35分钟
- 烹饪方法：焖炒

材料： 鹅肉300克，土豆250克，姜片、葱白、葱叶、朝天椒圈各适量

调料： 盐、蚝油、老抽、料酒、味精、水淀粉、食用油各适量

做法： 1.土豆去皮洗净，切小块；鹅肉洗净，斩件。2.炒锅注油烧热，入鹅肉炒至吐油，再放入葱白、朝天椒圈、姜片、料酒炒匀，加入清水，小火焖熟。3.入土豆，加盐、蚝油调味，淋入老抽，翻炒均匀，用小火焖熟。4.揭盖，用水淀粉勾芡，转小火，撒上葱叶，加味精，炒匀出锅即成。

芋头焖鹅

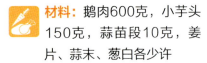

烹饪时间：7分钟
烹饪方法：焖煮

材料： 鹅肉600克，小芋头150克，蒜苗段10克，姜片、蒜末、葱白各少许

调料： 盐4克，水淀粉10毫升，料酒、蚝油、味精、鸡粉、海鲜酱、食用油各适量

做法： 1.洗净的鹅肉斩块。2.油烧热，倒入小芋头，炸2分钟，捞出。3.锅底留油，倒入鹅肉，炒1分钟，倒入姜片、蒜末、葱白、海鲜酱、料酒，炒匀。4.入小芋头，加清水，炒匀，加蚝油、盐、味精、鸡粉调味，焖煮。5.加清水，盖上盖，焖煮3分钟。6.用水淀粉勾芡，撒入蒜苗段炒匀，盛盘即可。

营养功效　芋头含有丰富的蛋白质、维生素及钙、磷等矿物质，有补益肝肾的功效；鹅可益气补虚、暖胃生津。此菜能改善体质、增强免疫力。

菌菇鸽子汤

烹饪时间：37分钟　　烹饪方法：炖煮

材料： 鸽子肉400克，蟹味菇80克，香菇75克，姜片、葱段各少许

调料： 盐、鸡粉各2克，料酒适量

做法： 1.将洗净的鸽子肉斩成小块。2.锅中注入适量清水烧开，倒入鸽肉块，淋入少许料酒，煮半分钟。3.汆去血渍，再捞出鸽肉，沥干水分。4.砂锅中注入适量清水烧开。5.倒入鸽肉，撒上姜片，淋入少许料酒。6.盖上盖，烧开后炖煮约20分钟，至肉质变软。7.揭盖，倒入洗净的蟹味菇、香菇，搅拌匀，盖好盖，用小火续煮约15分钟，至食材熟透。8.揭开盖，加鸡粉、盐调味，煮至汤汁入味，盛出，撒上葱段即成。

鸽子肉含有维生素A、维生素E及有造血作用的微量元素，有调补气血、改善皮肤的作用；香菇有提高免疫力的功效。本品适合爸妈改善体质。

佛手瓜炒鸡蛋

烹饪时间：4分钟
烹饪方法：热炒

 材料： 佛手瓜100克，鸡蛋2个，葱花少许

 调料： 盐、鸡粉、食用油各适量

做法： 1.佛手瓜切片。2.鸡蛋打入碗中，加盐、鸡粉搅匀。3.锅中注清水烧开，加盐、食用油。4.倒入佛手瓜，煮1分钟。5.将佛手瓜捞出，沥水，备用。6.用油起锅，倒入蛋液，快速翻炒匀。7.倒入焯过水的佛手瓜，加入盐、鸡粉炒匀。8.倒入备好的葱花，快速翻炒匀，炒出葱香味，盛出即可。

营养功效： 佛手瓜可以增强免疫力、利尿排钠，有扩张血管、降血压的作用；鸡蛋含有人体所需要的优质蛋白。此菜是延年益寿的佳品。

萝卜缨炒鸡蛋

🕐 烹饪时间：3分钟
🍴 烹饪方法：热炒

 材料： 萝卜缨120克，鸡蛋2个，蒜末、葱段各少许

 调料： 盐、鸡粉、食用油各适量

做法： 1.洗净的萝卜缨切去根部，切成段；鸡蛋打入碗中，加盐，用筷子打散。2.锅中注食用油烧热，倒入蛋液，炒至熟。3.用油起锅，放入蒜末、葱段爆香，倒入萝卜缨，翻炒至熟软。4.加入适量盐、鸡粉，炒匀调味，倒入炒熟的鸡蛋，翻炒一会儿，装入盘中即可。

枸杞叶炒鸡蛋

🕐 烹饪时间：2分钟
🍴 烹饪方法：热炒

 材料： 枸杞叶70克，鸡蛋2个，熟枸杞10克

 调料： 盐、鸡粉、水淀粉、食用油各适量

做法： 1.将鸡蛋打入碗中，放入盐、鸡粉，调匀，将调好的蛋液倒入热油锅中，炒熟盛出。2.锅底留油，倒入枸杞叶，炒至熟软，放入炒好的鸡蛋，加入盐、鸡粉，炒匀调味。3.淋入少许水淀粉，快速翻炒匀即可。

洋葱木耳炒鸡蛋

> 烹饪时间：3分钟
> 烹饪方法：热炒

材料： 鸡蛋2个，洋葱丝45克，水发木耳40克，蒜末、葱段各少许

调料： 盐、料酒、水淀粉、食用油各适量

做法： 1.鸡蛋加盐、水淀粉搅成蛋液。2.清水烧开，倒入食用油、盐，放入洗净切块的木耳，煮1分钟，捞出。3.蛋液入油锅炒至七成熟盛出。4.锅底留油，入蒜末爆香，倒入洋葱丝，炒软，放木耳炒匀。5.加料酒、盐调味，倒入蛋液，翻炒片刻。6.撒上葱段，倒入水淀粉勾芡，炒匀即成。

 ①  ②  ③
 ④  ⑤  ⑥

营养功效　洋葱对保护动脉血管有很好的作用；鸡蛋富含B族维生素和其他微量元素，可分解和氧化人体内有害物质。经常食用此菜，能预防疾病的发生。

西葫芦炒鸡蛋

🕐 烹饪时间：3分钟
❌ 烹饪方法：热炒

材料： 鸡蛋2个，西葫芦120克，葱花少许

调料： 盐、鸡粉、水淀粉、食用油各适量

做法： 1.洗净的西葫芦切片；鸡蛋加盐、鸡粉打散，调匀。2.锅注清水烧开，放盐、食用油、西葫芦搅匀，煮1分钟捞出。3.锅注油烧热，倒入蛋液炒熟，倒入西葫芦炒均匀，加入盐、鸡粉炒匀。4.倒入适量水淀粉快速翻炒均匀，放入葱花炒均匀即可。

枸杞麦冬炒鸡蛋

🕐 烹饪时间：3分钟
❌ 烹饪方法：热炒

材料： 麦冬10克，枸杞8克，水发花生米50克，猪瘦肉100克，熟鸡蛋2个

调料： 盐、鸡粉、水淀粉、食用油各适量

做法： 1.熟鸡蛋切丁；麦冬洗净，切丁；猪瘦肉洗净切丁，放盐、鸡粉、水淀粉、食用油拌匀腌渍。2.花生米入油锅炸至微黄色；入肉丁炸至变色。3.锅底留油，倒入麦冬，加入炸好的瘦肉丁，放入鸡蛋，加盐、鸡粉，炒匀调味。4.倒入枸杞炒匀，加入花生米炒匀，盛出装入盘中即可。

木耳鸡蛋西蓝花

烹饪时间：3分钟
烹饪方法：热炒

材料： 水发木耳40克，鸡蛋2个，西蓝花100克，蒜末、葱段各少许

调料： 盐少许，鸡粉2克，生抽5毫升，料酒10毫升，水淀粉4毫升，食用油适量

做法： 1.木耳、西蓝花切小块。2.鸡蛋打入碗中，加盐调匀。3.锅中注清水烧开，放盐、食用油、木耳煮沸，倒入西蓝花焯水后捞出。4.蛋液入油锅炒至五成熟盛出。5.蒜末、葱段入油锅爆香。6.入木耳和西蓝花炒匀，加料酒炒香。7.放入鸡蛋炒匀，加盐、鸡粉、生抽调味。8.倒入水淀粉炒匀即可。

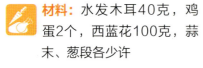

营养功效： 木耳含有维生素K，可减少血液凝块，预防动脉粥样硬化和冠心病的发生；西蓝花能减少人体对脂肪的吸收。此菜有助于稳定血压。

芹菜炒蛋

⏱ 烹饪时间：2分钟
✗ 烹饪方法：热炒

材料： 芹菜梗70克，鸡蛋120克

调料： 盐2克，水淀粉、食用油各适量

做法： 1.将洗净的芹菜梗切成丁；鸡蛋打入碗中，加盐、水淀粉，打散调匀，制成蛋液。2.用油起锅，倒入芹菜梗，快速翻炒至其变软，加盐翻炒至其入味。3.倒入备好的蛋液，用中火略炒至全部食材熟透。4.关火后盛出炒好的菜肴，装入盘中即成。

西瓜翠衣炒鸡蛋

⏱ 烹饪时间：4分钟
✗ 烹饪方法：热炒

材料： 西瓜皮200克，芹菜70克，西红柿120克，鸡蛋2个，蒜末、葱段各少许

调料： 盐、鸡粉、食用油各适量

做法： 1.洗净的芹菜切段；去除硬皮的西瓜皮切条；洗净的西红柿切成瓣；鸡蛋打入碗中，放盐、鸡粉，打散、调匀。2.用油起锅，入蛋液，炒熟盛出。3.锅中注食用油烧热，入蒜末爆香，入芹菜、西红柿，翻炒几下，入西瓜皮、鸡蛋，略炒，放盐、鸡粉调味。4.盛出，撒上葱段即可。

黄花菜鸡蛋汤

烹饪时间：3分钟
烹饪方法：焖煮

材料：水发黄花菜100克，鸡蛋50克，葱花少许

调料：盐3克，鸡粉2克，食用油适量

做法：1.将洗净的黄花菜切去根部。2.将鸡蛋打入碗中，打散、调匀，待用。3.锅中注入适量清水烧开，加入少许盐、鸡粉。4.放入切好的黄花菜，淋入少许食用油，搅拌匀。5.盖上盖，用中火煮约2分钟，至其熟软。6.揭盖，倒入蛋液，边煮边搅拌，煮至液面浮出蛋花，装碗，撒上葱花即成。

营养功效：黄花菜对稳定血压、降血压有一定的作用；鸡蛋能健脑益智，改善记忆力，并促进肝细胞再生。此菜可降低心脑血管疾病发生的概率。

蚕豆西葫芦鸡蛋汤

🕐 烹饪时间：5分钟　　🍴 烹饪方法：焖煮

材料： 蚕豆90克，西葫芦100克，西红柿100克，鸡蛋1个，葱花少许

调料： 盐2克，鸡粉2克，食用油少许

做法： 1.锅中注入适量清水烧开，倒入洗好的蚕豆，煮1分钟，捞出，沥干水分剥去外壳。2.将洗好的西红柿切片。3.鸡蛋打入碗中，打散、调匀，备用。4.锅中倒入适量清水烧开，放入盐、食用油、鸡粉。5.再倒入西红柿，放入洗净切片的西葫芦，放入剥好的蚕豆，搅匀。6.盖上盖，煮2分钟。7.揭开盖，倒入备好的蛋液，搅匀，至液面浮起蛋花。8.撒上葱花，搅拌均匀，至葱花断生，盛出即可。

营养功效： 蚕豆可促进血液循环，降低胆固醇含量，对高血压有较好的食疗作用，能促进人体内胰岛素的分泌，防治糖尿病。此菜对机体有较好的保健作用。

豌豆苗鸡蛋汤

烹饪时间：2分钟
烹饪方法：焖煮

材料： 豌豆苗200克，鸡蛋1个

调料： 盐3克，鸡粉2克，胡椒粉、食用油各适量

做法： 1.鸡蛋打入碗中，打散、调匀，备用。2.锅中注入适量清水烧开。3.倒入少许食用油，加入盐、鸡粉、胡椒粉。4.放入洗好的豌豆苗，搅拌匀，煮至熟软。5.倒入备好的鸡蛋液，煮至汤中浮起蛋花。6.关火后盛出煮好的鸡蛋汤，装入备好的汤碗中即可。

营养功效： 豌豆苗能减少胆固醇的吸收量；鸡蛋中含较多的B族维生素和微量元素，可以促进细胞新陈代谢。此菜为机体代谢提供丰富营养，能延缓衰老。

葱花鸭蛋

⏱ 烹饪时间：1分钟
🍳 烹饪方法：热炒

材料： 鸭蛋2个，葱花少许

调料： 盐2克，鸡粉、水淀粉、食用油各适量

做法： 1.备好的新鲜鸭蛋用清水洗净表面后，打入碗中。2.加入盐、鸡粉。3.然后向碗中淋入适量的水淀粉，充分搅拌均匀。4.再放入准备好的葱花，搅拌匀，制成蛋液，待用。5.用油起锅，烧至四成热。6.倒入备好的蛋液，拌炒匀。7.再翻炒一会儿，至食材熟透。8.关火，盛出已经炒好的葱花鸭蛋，装在盘中即成。

茭白木耳炒鸭蛋

⏱ 烹饪时间：2分钟
🍳 烹饪方法：热炒

材料： 茭白300克，鸭蛋2个，水发木耳40克，葱段少许

**调料：** 盐、鸡粉、水淀粉、食用油各适量

做法： 1.木耳洗净切小块；茭白洗净切片；鸭蛋放盐、鸡粉、水淀粉，调匀。2.清水烧开，放入盐、鸡粉，倒入茭白、木耳，煮1分钟捞出。4.用油起锅，倒入蛋液，炒至七成熟盛出。5.另起锅，注油烧热，入葱段，爆香，倒入焯过水的茭白、木耳，炒匀，放入炒好的鸭蛋，翻炒匀，调入盐、鸡粉入味，倒入水淀粉，炒匀即可。

鸭蛋炒洋葱

- 烹饪时间：2分钟
- 烹饪方法：热炒

材料： 鸭蛋2个，洋葱80克

调料： 盐少许，鸡粉2克，水淀粉4毫升，食用油适量

做法： 1.去皮洗净的洋葱切丝，备用。2.鸭蛋打入碗中，放入少许鸡粉、盐。3.倒入水淀粉。4.用筷子打散、调匀。5.锅中倒入适量食用油烧热，放入切好的洋葱，翻炒至洋葱变软。6.加入适量盐，炒匀调味。7.倒入调好的蛋液。8.快速翻炒至熟，关火后将炒熟的鸭蛋盛出，装入盘中即可。

营养功效： 洋葱含有前列腺素A，具有降血压、预防血栓形成的作用；鸭蛋含有身体中迫切需要的铁和钙。此菜能调养身体，预防心脑血管疾病的发生。

嫩姜炒鸭蛋

- 烹饪时间：2分钟
- 烹饪方法：热炒

材料： 嫩姜90克，鸭蛋2个，葱花少许

调料： 盐少许，鸡粉2克，水淀粉4毫升，食用油少许

做法： 1.洗净的嫩姜切细丝，装入碗中，加入2克盐抓匀，腌渍10分钟。2.将腌好的姜丝放入清水中，洗去多余盐分。3.鸭蛋打入碗中，放入葱花。4.加入适量鸡粉、盐、水淀粉，用筷子打散搅匀。5.炒锅注油烧热，倒入腌好的姜丝，炒至姜丝变软。6.倒入蛋液，炒熟，盛出，装盘即可。

营养功效： 生姜有健胃、增进食欲的作用；鸭蛋对水肿胀满、阴虚失眠等症患者有一定的辅助治疗作用。此菜可防治心烦失眠、食欲不振。

韭菜炒鹌鹑蛋

烹饪时间：2分钟
烹饪方法：热炒

材料： 韭菜100克，熟鹌鹑蛋135克，彩椒丝30克

调料： 盐、鸡粉各2克，食用油适量

做法： 1.洗净的韭菜切成长段。2.锅中注入适量清水烧开，放入熟鹌鹑蛋，拌匀，略煮，捞出鹌鹑蛋，沥干水分，装盘待用。3.用油起锅，倒入彩椒丝，炒匀。4.倒入韭菜梗，炒匀，放入鹌鹑蛋，炒匀。5.倒入韭菜叶，炒至变软。6.加入盐、鸡粉，炒至入味，盛出即可。

营养功效

韭菜有健胃、提神等功效；鹌鹑蛋的维生素B_2含量丰富，它是生化活动的辅助酶，可促进细胞代谢。此菜能增强机体活力，改善体虚症状。

PART 5

鲜美水产

海洋、江河、湖泊为人们的饮食做出了巨大贡献，这些由大自然抚育出的鲜美水产不仅为人们解除了饥饿，同时也为人体健康提供了丰富的营养物质。

本章主要介绍水产类食材的烹饪方法，所选菜谱美味营养，爸妈在享受美味佳肴的同时，还能保持健康、永葆青春。

菠萝炒鱼片

烹饪时间：2分钟　　烹饪方法：热炒

材料： 菠萝肉75克，草鱼肉150克，红椒25克，姜片、蒜末、葱段各少许

调料： 豆瓣酱7克，盐、鸡粉各少许，料酒4毫升，水淀粉、食用油各适量

做法： 1.菠萝肉、草鱼肉切片；洗净的红椒切小块。2.鱼片放入碗中，加盐、鸡粉、水淀粉，拌匀，再注入食用油，腌渍约10分钟。3.热锅注油，烧至五成热，放入腌好的鱼片，拌匀。4.滑油至断生，捞出，沥干油，待用。5.用油起锅，放入姜片、蒜末、葱段，用大火爆香。6.倒入红椒块，再放入切好的菠萝肉，快速炒匀。7.倒入鱼片，加入盐、鸡粉，放入豆瓣酱。8.淋入料酒，倒入水淀粉，炒至入味即成。

营养功效　菠萝含有菠萝酶，有助于排出体内多余的脂肪；草鱼含有丰富的硒元素，有抗衰老、养颜的功效；此菜对爸妈控制体重、保持身材有一定的作用。

黄花菜蒸草鱼

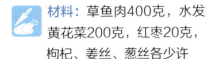

> 烹饪时间：13分钟
> 烹饪方法：清蒸

材料： 草鱼肉400克，水发黄花菜200克，红枣20克，枸杞、姜丝、葱丝各少许

调料： 盐3克，鸡粉2克，蚝油、生粉、料酒、蒸鱼豉油、芝麻油、食用油各适量

做法： 1.红枣切小块；黄花菜切去蒂；草鱼肉切块。2.鱼块装碗，加姜丝、枸杞、红枣、黄花菜、料酒、鸡粉、盐、蚝油。3.注入蒸鱼豉油，倒入生粉上浆，滴入芝麻油，腌渍。4.取一蒸盘，摆上拌好的材料，静置。5.蒸锅上火烧开，放入蒸盘。6.大火蒸10分钟，取出，点缀上葱丝，浇上热油即成。

营养功效 黄花菜对降低血液中的胆固醇含量、促进血液循环有一定的帮助；草鱼有利于血液循环，对心血管病很有益处。此菜能防治高血压、高血脂。

茶树菇草鱼汤

🕐 烹饪时间：4分钟
🍴 烹饪方法：水煮

 材料：水发茶树菇90克，草鱼肉200克，姜片、葱花各少许

 调料：盐、鸡粉、胡椒粉各少许，料酒5毫升，芝麻油3毫升，水淀粉4毫升

做法：1.洗好的茶树菇切去老茎；洗净的草鱼肉切双飞片。2.鱼片加料酒、盐、鸡粉、胡椒粉、水淀粉、芝麻油，拌匀，腌渍。3.茶树菇焯水后捞出。4.另起锅，加清水烧开，倒入茶树菇、姜片，搅匀。5.加芝麻油、盐、鸡粉、胡椒粉拌匀，大火煮沸。6.放入鱼片，煮至变色，盛出，撒入葱花即可。

营养功效：茶树菇有健肾、平肝的功效，可加速新陈代谢、降低血糖；草鱼肉嫩而不腻，可以开胃。此菜可增强机体免疫力，提高抗病能力。

葱油鲫鱼

🕐 烹饪时间：5分钟
✖ 烹饪方法：水煮

材料： 净鲫鱼300克，葱条20克，红椒5克，姜片、蒜末各少许

调料： 盐少许，鸡粉2克，生粉6克，生抽、老抽、食用油各适量

做法： 1.洗好葱条取梗切段，葱叶切葱花；红椒切丝。2.鲫鱼装盘中，加生抽、盐、生粉，腌至其入味。3.热锅注油烧热，入鲫鱼炸至其呈金黄色捞出，入葱梗炸软捞出，入姜片、蒜末爆香，入清水、生抽、老抽、盐、鸡粉调成汁，入鲫鱼煮至入味。4.将鲫鱼装盘，浇上汤汁，撒上备好的红椒丝、葱花即可。

清蒸鲫鱼

🕐 烹饪时间：7分钟
✖ 烹饪方法：清蒸

材料： 鲫鱼400克，葱丝、红椒丝、姜丝、姜片、葱条各少许

调料： 盐3克，蒸鱼豉油、胡椒粉、香油各适量

做法： 1.将洗净的葱条垫于盘底，放上宰杀洗净的鲫鱼，铺上姜片，撒上盐，腌渍片刻。2.将盘放入蒸锅，盖上盖，用中火蒸至鱼熟，取出，拣去姜片和葱条。3.再放上姜丝、葱丝、红椒丝，撒上少许胡椒粉调味，再浇上少许热香油。4.另起锅，倒入蒸鱼豉油烧热，淋入盘中即成。

蛤蜊鲫鱼汤

烹饪时间：6分钟
烹饪方法：炖煮

材料： 蛤蜊130克，鲫鱼400克，枸杞、姜片、葱花各少许

调料： 盐2克，鸡粉2克，料酒8毫升，胡椒粉少许，食用油适量

做法： 1.宰杀处理干净的鲫鱼两面切上一字花刀；洗净的蛤蜊打开。2.用油起锅，放入鲫鱼，煎至焦黄色。3.淋入料酒，加入适量开水，再放入姜片。4.煮沸后，撇去浮沫。5.倒入蛤蜊。6.小火煮5分钟。7.揭盖，加盐、鸡粉、胡椒粉。8.放入枸杞，略煮一会儿，盛出，装入汤碗中，撒上葱花即可。

营养功效： 鲫鱼对心脏活动具有重要的调节作用，能很好地保护心血管系统；蛤蜊中含有丰富的钙、铁、锌等元素。此菜可为机体代谢提供丰富的营养。

茼蒿鲫鱼汤

烹饪时间：8分钟
烹饪方法：炖煮

材料：鲫鱼肉400克，茼蒿90克，姜片、枸杞各少许

调料：盐3克，鸡粉2克，胡椒粉少许，料酒5毫升，食用油适量

做法：1.将洗净的茼蒿切成段，装入盘中，待用。2.用油起锅，倒入姜片，爆香，放入鲫鱼肉，小火略煎。3.待其散出焦香味后翻转鱼身，再煎一会儿，至两面断生。4.淋入料酒提味，注入适量清水，加盐、鸡粉，放入枸杞。5.大火煮5分钟，倒入茼蒿，搅匀。6.撒入胡椒粉，煮至熟透，盛出即成。

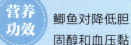

营养功效：鲫鱼对降低胆固醇和血压黏稠度、预防心脑血管疾病等有一定的益处；茼蒿可以养心安神、降压补脑。此菜可改善高血压引起的心烦失眠。

红烧鲢鱼块

> 烹饪时间：3分钟
> 烹饪方法：热炒

材料： 鲢鱼肉450克，水发香菇50克，姜片、葱段各少许

调料： 盐、鸡粉、料酒、老抽、生抽、白糖、蚝油、水淀粉、食用油各适量

做法： 1.洗净的香菇切粗丝；洗好的鲢鱼肉切小块。2.鱼块装碗，加盐、料酒、水淀粉腌渍。3.油烧热，放入鱼块，小火炸至金黄色，捞出。4.用油起锅，放姜片爆香，入香菇、葱段，加清水、老抽、生抽、盐、白糖、蚝油拌匀。5.入鱼块，烧至入味，加鸡粉、料酒，炒匀。6.加水淀粉炒匀即可。

营养功效 香菇具有延缓衰老、益智安神等功效；鲢鱼能提供丰富的胶原蛋白，既健身，又美容。此菜是缓解更年期症状的理想食品。

鱿鱼炒三丝

🕐 烹饪时间：2分钟
🍴 烹饪方法：热炒

材料： 火腿肠90克，鱿鱼120克，鸡胸肉150克，竹笋85克，姜末、蒜末、葱段各少许

调料： 盐、鸡粉、料酒、水淀粉、食用油各适量

做法： 1.鸡胸肉、火腿肠、竹笋、鱿鱼洗净切丝。2.鸡肉丝用盐、鸡粉、水淀粉、食用油腌渍；鱿鱼丝用盐、鸡粉、料酒、水淀粉腌渍。3.竹笋、鱿鱼入沸水略煮，姜末、蒜末、葱段倒入油锅爆香，放入鸡肉丝、料酒炒至转色。4.入竹笋、鱿鱼、火腿肠，加入盐、鸡粉、水淀粉炒匀即可。

干煸鱿鱼丝

🕐 烹饪时间：2分钟
🍴 烹饪方法：热炒

材料： 鱿鱼200克，猪肉300克，青椒30克，红椒30克，蒜末、干辣椒、葱花各少许

调料： 盐、鸡粉各少许，料酒8毫升，生抽5毫升，辣椒油5毫升，豆瓣酱10克，食用油适量

做法： 1.猪肉汆水，切丝；洗净的青椒、红椒切圈。2.鱿鱼切丝，放入盐、鸡粉、料酒腌渍后汆水。3.用油起锅，倒猪肉、生抽炒匀。4.加干辣椒、蒜末、豆瓣酱、红椒、青椒、鱿鱼、盐、鸡粉、辣椒油、葱花炒匀，盛出即可。

脆炒鱿鱼丝

烹饪时间：2分钟　　烹饪方法：热炒

材料：净鱿鱼90克，竹笋40克，红椒25克，姜末、蒜末、葱末各少许

调料：盐少许，鸡粉2克，生抽2毫升，水淀粉、食用油各适量

做法：1.竹笋、红椒、鱿鱼切丝。2.鱿鱼丝用盐、鸡粉、水淀粉、食用油，腌渍10分钟。3.锅中倒入适量清水烧开，加入适量盐，放入竹笋，煮半分钟，捞出。4.鱿鱼入沸水锅中，氽煮至变色，捞出，装盘。5.用油起锅，放入姜末、蒜末、葱末、爆香，放入红椒丝，翻炒片刻。6.倒入鱿鱼，翻炒至锅中食材混合均匀。7.将竹笋倒入锅中，放入生抽、鸡粉、盐，炒匀。8.加水淀粉，翻炒均匀，盛出即成。

营养功效　鱿鱼含有牛磺酸，可减少血管壁累积的胆固醇，预防血管硬化；竹笋可以吸附油脂，降低胃肠对脂肪的吸收。此菜可预防心血管疾病的发生。

茄汁鱿鱼卷

> 烹饪时间：3分钟
> 烹饪方法：热炒

材料： 鱿鱼肉170克，莴笋65克，胡萝卜45克，葱花少许

调料： 番茄酱30克，盐2克，料酒、食用油各适量

做法： 1.莴笋、胡萝卜切薄片；鱿鱼肉切小块。2.锅中注清水烧开，倒入胡萝卜片，煮1分钟，捞出。3.倒入鱿鱼块，拌匀，淋料酒，余至鱼身卷起，捞出。4.用油起锅，倒入番茄酱、盐，炒匀，倒入鱿鱼卷，炒匀，放入胡萝卜、莴笋片。5.大火炒至莴笋断生，淋入料酒，炒匀。6.撒上葱花，炒香即可。

营养功效：莴笋具有扩张血管、养心润肺、增强免疫力等作用；多食鱿鱼能补充脑力、提高记忆力。此菜可延缓衰老，对改善记忆力有较好的帮助。

苦瓜爆鱿鱼

- 烹饪时间：2分钟
- 烹饪方法：热炒

材料： 苦瓜200克，鱿鱼肉120克，红椒35克，姜片、蒜末、葱段各少许

调料： 盐少许，鸡粉2克，食粉4克，生抽4毫升，料酒、水淀粉、食用油各适量

做法： 1.苦瓜切片；红椒、鱿鱼肉切小块。2.鱿鱼肉加盐、鸡粉、料酒，拌匀，腌渍。3.锅中注清水烧开，放入食粉、苦瓜片，煮断生后捞出，入鱿鱼，略煮，捞出。4.红椒块、姜片、蒜末、葱段入油锅爆香，倒入鱿鱼，翻炒。5.加料酒、苦瓜，炒匀。6.加盐、鸡粉、生抽调味，入水淀粉，炒匀即成。

营养功效

苦瓜有降血压、降血脂、促进新陈代谢等功效；鱿鱼可降低血液中胆固醇浓度、调节血压。此菜降血压效果显著，适合爸妈经常食用。

糖醋鱿鱼

⏱ 烹饪时间：2分钟
✕ 烹饪方法：热炒

材料：鱿鱼130克，红椒20克，番茄汁40毫升，蒜末、葱花各少许

调料：白糖3克，盐2克，白醋10毫升，料酒4毫升，水淀粉、食用油各适量

做法：1.鱿鱼切块汆水；红椒切块。2.番茄汁、白糖、盐、白醋抓匀，制成味汁。3.蒜末、红椒倒入油锅爆香，倒入鱿鱼卷，炒匀，淋入料酒，炒香。4.放入味汁炒匀，倒入水淀粉炒匀，盛出装盘，撒上葱花即成。

葱烧鱿鱼

⏱ 烹饪时间：2分钟
✕ 烹饪方法：热炒

材料：鱿鱼肉120克，彩椒45克，西芹、大葱各40克，姜片、葱段各少许

调料：盐、鸡粉、料酒、水淀粉、食用油各适量

做法：1.大葱、彩椒、西芹、鱿鱼切块。2.鱿鱼块加盐、鸡粉、料酒、水淀粉腌渍10分钟，汆水；彩椒、西芹焯水。3.姜片、葱段倒入油锅爆香，倒入大葱、鱿鱼卷炒匀，淋入料酒。4.倒入西芹和彩椒，炒匀，加盐、鸡粉、水淀粉炒匀即可。

韭菜炒墨鱼仔

烹饪时间：2分钟
烹饪方法：热炒

材料： 韭菜200克，墨鱼100克，彩椒40克，姜片、蒜末各少许

调料： 盐3克，鸡粉2克，五香粉少许，料酒、水淀粉、食用油各适量

做法： 1.洗净的韭菜切段；洗好的彩椒切粗丝；洗净的墨鱼切小块。2.锅中注清水烧开，倒入料酒、墨鱼，煮半分钟。3.捞出，沥水。4.用油起锅，放姜片、蒜末，爆香。5.倒入墨鱼、彩椒丝，炒匀。6.加料酒，炒匀，入韭菜炒至断生。7.加盐、鸡粉调味，撒上五香粉炒匀。8.入水淀粉，炒熟即成。

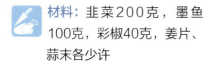

墨鱼对降低胆固醇含量有一定的作用；韭菜的辛辣气味有散瘀活血、行气导滞的作用。此菜能很好地保护心血管系统。

醋拌墨鱼卷

> 烹饪时间：5分钟
> 烹饪方法：凉拌

 材料： 墨鱼100克，姜丝、葱丝、红椒丝各少许

 调料： 盐2克，鸡粉3克，芝麻油、陈醋各适量

做法： 1.处理好的墨鱼切上花刀，再切成小块，备用。2.锅中注入适量清水烧开，倒入墨鱼，煮至其熟透。3.捞出墨鱼，装盘备用。4.取一个碗，加入盐、陈醋。5.放入鸡粉，淋入芝麻油，拌匀，制成酱汁。6.把酱汁浇在墨鱼上，放上葱丝、姜丝、红椒丝即可。

营养功效： 墨鱼含有蛋白质、维生素A等营养成分，具有益智健脑、益气补血、增强免疫力等功效。此菜滋补作用较好，适合爸妈经常食用。

金针菇炒墨鱼丝

☐ 烹饪时间：3分钟
☐ 烹饪方法：热炒

材料： 墨鱼300克，金针菇200克，红椒丝、姜片、蒜末、葱白各少许

调料： 盐、鸡粉、味精、料酒、水淀粉、食用油各适量

做法： 1.洗净的金针菇切去根部；处理好的墨鱼切丝。2.墨鱼丝用盐、味精、料酒腌渍。3.锅中注清水烧开，倒入墨鱼丝，汆烫片刻，捞出。4.用油起锅，倒入红椒丝、姜片、蒜末、葱白，爆香，倒入墨鱼、料酒炒匀。5.倒入金针菇，炒熟，转小火，加盐、鸡粉调味。6.加水淀粉勾芡，炒匀，盛出即可。

营养功效 金针菇的锌含量很丰富，能有效地增强机体的生物活性；墨鱼有补脾、益肾、滋阴的功效。经常食用此菜，可增强机体免疫力和活力。

海藻墨鱼汤

⏱ 烹饪时间：52分钟
🍴 烹饪方法：焖煮

材料：墨鱼肉75克，水发海藻40克，水发海带丝60克，瘦肉80克，姜片、葱段各少许

调料：盐、鸡粉、料酒各适量

做法：1.洗净的瘦肉切小块；洗好的墨鱼肉切片。2.瘦肉块入沸水，淋入料酒，汆去血水捞出，再倒入墨鱼片，煮1分钟，捞出。3.砂锅中注清水烧开，倒入瘦肉、墨鱼，撒上姜片、葱段，淋料酒，烧开后续煮30分钟。4.揭盖，放入海藻、海带丝，续煮约20分钟，加盐、鸡粉，拌匀，煮入味即成。

韭菜炒鳝丝

⏱ 烹饪时间：2分钟
🍴 烹饪方法：热炒

材料：鳝鱼肉230克，韭菜180克，彩椒40克

调料：盐、鸡粉、料酒、生抽、水淀粉、食用油各适量

做法：1.洗净的彩椒切段；洗好的韭菜切粗丝；处理好的鳝鱼肉切丝。2.鳝鱼丝装碗，加料酒、盐、鸡粉、水淀粉、食用油，腌渍。3.用油起锅，倒入鳝鱼丝，炒匀，淋入料酒提味，倒入生抽，炒匀。4.放入彩椒丝、韭菜段，炒匀，加盐、鸡粉调味，倒入水淀粉，炒至食材熟软，装盘即成。

翠衣炒鳝片

⏱ 烹饪时间：3分钟　　❌ 烹饪方法：热炒

材料： 鳝鱼150克，西瓜片200克，蒜片、姜片、葱段、红椒圈各少许

调料： 生抽5毫升，盐2克，鸡粉2克，料酒、食用油各少许

做法： 1.处理好的西瓜片切成薄片待用。2.处理干净的鳝鱼用刀斩断筋骨，切成段。3.热锅注油，倒入蒜片、姜片、葱段，翻炒爆香。4.倒入少许西瓜片、鳝鱼，快速翻炒。5.淋入些许料酒，倒入剩下的西瓜片、红椒圈，快速炒匀。6.加入生抽、鸡粉、盐、料酒。7.快速翻炒片刻，使食材入味至熟。8.关火，将炒的菜肴盛出装入盘中即可。

营养功效

鳝鱼具有益气补血、清热解毒、强筋健骨等功效；西瓜中的钾盐能辅助防治肾脏的炎症；此菜可增强体质、保护肾脏。

茶树菇炒鳝丝

烹饪时间：6分钟
烹饪方法：热炒

材料： 鳝鱼200克，青椒、红椒各10克，茶树菇适量，姜片、葱花各少许

调料： 盐2克，鸡粉2克，生抽、料酒、水淀粉、食用油各适量

做法： 1.洗净的红椒切开，去子，再切成条。2.洗好的青椒切开，去子，再切成条。3.鳝鱼肉切上花刀，仔切成条，备用。4.用油起锅，放入备好的鳝鱼、姜片、葱花，炒匀。5.淋入料酒，倒入青椒、红椒，入茶树菇，炒2分钟。6.放盐、生抽、鸡粉、料酒调味，倒入水淀粉勾芡，盛出即可。

营养功效 鳝鱼具有益智健脑、增强免疫力、益气补血等功效；茶树菇具有降血压，抗衰老和抗癌的特殊功能。此菜是调养身体、改善体质的佳品。

竹笋炒鳝段

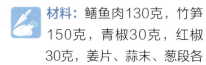

- 烹饪时间：2分钟
- 烹饪方法：热炒

材料： 鳝鱼肉130克，竹笋150克，青椒30克，红椒30克，姜片、蒜末、葱段各少许

调料： 盐、鸡粉、料酒、水淀粉、食用油各适量

做法： 1.洗净的鳝鱼、竹笋切片；洗净的青椒、红椒切小块。2.鳝鱼用盐、鸡粉、料酒、水淀粉腌渍。3.清水烧开，加盐，竹笋片焯水后捞出，入鳝鱼片，汆水，捞出。4.姜片、蒜末、葱段入油锅爆香，入青椒、红椒，炒匀。5.放入竹笋片、鳝鱼片，加料酒、鸡粉、盐，炒匀。6.倒入水淀粉，炒匀即成。

营养功效 鳝鱼具有养胃健脾的功效；竹笋中植物蛋白、维生素含量均很高，有助于增强机体的免疫功能。多食此菜，能提高人体防病抗病能力。

大蒜烧鳝段

- 烹饪时间：12分钟
- 烹饪方法：焖炒

材料： 鳝鱼200克，彩椒35克，大蒜55克，姜片、葱段各少许

调料： 盐2克，豆瓣酱10克，白糖3克，陈醋3毫升，料酒、食用油各适量

做法： 1.彩椒洗净切条；鳝鱼切段。2.用油起锅，倒入大蒜，炸至金黄色，盛出多余的油，放入姜片、鳝鱼肉，翻炒均匀。3.加入豆瓣酱、料酒、清水、葱段、彩椒、陈醋，翻炒匀。4.大火收汁，加白糖、盐炒至食材入味即可。

腊八豆香菜炒鳝鱼

- 烹饪时间：3分钟
- 烹饪方法：热炒

材料： 鳝鱼200克，香菜70克，腊八豆30克，姜片、蒜末、彩椒丝、红椒丝各少许

调料： 生抽、豆瓣酱、料酒、盐、味精、生粉、食用油各适量

做法： 1.将处理好的鳝鱼切块，香菜切段，鳝鱼加盐、味精、料酒、生粉腌渍。2.清水烧开，倒入鳝鱼，汆水片刻捞出。3.油烧至四成热，倒入鳝鱼，滑油片刻捞出。4.锅底留油，放入姜片、蒜末、彩椒丝、红椒丝、腊八豆，倒入鳝鱼、料酒炒香，加生抽、豆瓣酱炒匀，放入香菜，炒熟即可。

竹笋烧黄鱼

烹饪时间：15分钟
烹饪方法：焖煮

材料：黄鱼400克，竹笋180克，姜末、蒜末、葱花各少许

调料：鸡粉、胡椒粉各2克，豆瓣酱6克，料酒、食用油各适量

做法：1.洗净去皮的竹笋切薄片。2.处理好的黄鱼切花刀。3.锅中注清水烧开，倒入竹笋、料酒，略煮，捞出。4.用油起锅，放入黄鱼，煎至两面断生。5.入姜末、蒜末，炒香，放入豆瓣酱炒香。6.注入清水，倒入竹笋、料酒，拌匀。7.烧开后用小火续煮。8.加鸡粉、胡椒粉搅匀，盛出撒上葱花即可。

> **营养功效**：黄鱼对人体有很好的滋补作用，因其肉质中含有多种维生素、微量元素，且富含高蛋白，是爸妈食疗滋补的佳品。

蒜烧黄鱼

- 烹饪时间：6分钟
- 烹饪方法：焖煮

材料： 黄鱼400克，大蒜、姜片、葱段、香菜各少许

调料： 料酒8毫升，生粉35克，白糖3克，蚝油7克，盐、水淀粉、鸡粉、老抽、生抽、食用油各适量

做法： 1.大蒜切片；黄鱼切一字花刀。2.黄鱼用盐、生抽、料酒腌渍后，裹上生粉。3.黄鱼入油锅炸至金黄色，捞出。4.锅底留油，入蒜片、姜片、葱段，爆香，加清水、盐、鸡粉、白糖。5.入生抽、蚝油、老抽，煮沸，入黄鱼煮至入味，盛出。6.锅中加水淀粉调成浓汁，盛出，浇在黄鱼上，放香菜即可。

营养功效

黄鱼能促进血液中毒素和胆固醇的代谢，有降血压的作用；大蒜能降低胆固醇和三酰甘油的含量，此菜有降血压、降血糖的作用。

酱醋鲈鱼

烹饪时间：8分钟
烹饪方法：清蒸

材料： 鲈鱼500克，干辣椒2克，八角2克，姜片、蒜末、葱白、香菜段各少许

调料： 盐、鸡粉、白糖、料酒、陈醋、水淀粉、生抽、老抽、食用油各适量

做法： 1.鲈鱼处理好后，加盐、鸡粉、料酒腌渍。2.把鲈鱼放入蒸锅，大火蒸至熟，取出。3.用油起锅，入干辣椒、八角、姜片、蒜末和葱白，爆香。4.加料酒、清水、盐、生抽、老抽、鸡粉、白糖调味。5.倒入陈醋，煮沸，倒入水淀粉拌匀，制成稠汁。6.将鲈鱼转入盘中，浇上稠汁，放入香菜段即成。

营养功效

鲈鱼含有脂肪、维生素、钙、磷、铁，具有补肝肾、益脾胃、化痰止咳之功效，鲈鱼还含有丰富的蛋白质，对中老年人的骨骼组织有益。

家常鲈鱼

⏱ 烹饪时间：5分钟
🍳 烹饪方法：焖煮

材料： 鲈鱼500克，红椒片、姜丝、葱白、葱段各少许

调料： 料酒、盐、生粉、味精、胡椒粉、食用油各适量

做法： 1.鲈鱼处理干净，两面打上花刀，装入盘中，加入料酒、盐、生粉抹匀。2.热锅注油烧热，入鲈鱼炸熟，捞出装盘。3.锅留底油，倒入姜丝、葱白煸香，入适量清水、鲈鱼、料酒，焖至入味，加入盐、味精、红椒片，撒上胡椒粉、葱段，淋入热油拌匀。4.出锅盛入盘中即可。

清炖枸杞鲈鱼汤

⏱ 烹饪时间：32分钟
🍳 烹饪方法：炖煮

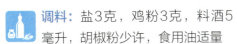

材料： 鲈鱼300克，枸杞5克，姜片10克

调料： 盐3克，鸡粉3克，料酒5毫升，胡椒粉少许，食用油适量

做法： 1.锅中加油烧热，入处理干净的鲈鱼，煎至鲈鱼呈焦黄色，盛出，装入汤碗中。2.锅中注入适量清水，盖上盖，烧开，揭盖，撇去浮沫，入料酒、盐、鸡粉，煮沸，制成汤汁。3.在装有鲈鱼的汤碗中放入姜片、枸杞、汤汁，然后将汤碗放入烧开的蒸锅中。4.用小火把鲈鱼汤炖好取出，撒上少许胡椒粉即可。

酸汤鲈鱼

🕒 烹饪时间：12分钟　　🍴 烹饪方法：焖煮

材料： 鲈鱼500克，酸菜200克，姜片25克，红椒圈少许

调料： 盐少许，料酒、醋、白糖、鸡粉、胡椒粉、食用油各适量

做法： 1.把洗净的酸菜切碎。2.处理干净的鲈鱼撒上盐，涂抹均匀，腌渍约10分钟至入味。3.锅注油烧热，放入姜片爆香。4.放入鲈鱼，用小火煎约1分钟，淋入料酒。5.再注入适量清水。6.加入盐调味。7.盖上盖子，煮约5分钟至汤汁呈奶白色，揭开盖子，倒入酸菜和红椒圈。8.拌煮约2分钟至沸腾，加醋、盐、白糖、鸡粉、胡椒粉调味，用汤勺撇掉浮沫，出锅装入汤盆中即可。

营养功效　鲈鱼的蛋白质含量丰富，有补益五脏、调和肠胃的作用；酸菜含有一种有机酸，被人体吸收后能增进食欲，促进消化。此菜可辅助调理脾胃。

葱香带鱼

烹饪时间：10分钟
烹饪方法：清蒸

材料：带鱼肉350克，葱条35克，姜片30克

调料：盐3克，鸡粉2克，鱼露3毫升，料酒6毫升，食用油少许

做法：1.洗净的带鱼肉切段，再打上花刀。2.带鱼块装碗，放上姜片，淋入鱼露，加入盐、鸡粉、料酒，拌匀，腌渍约15分钟。3.取一个蒸盘，整齐地放上洗净的葱条。4.再摆上带鱼块，待用。5.蒸锅上火烧开，放入装有带鱼的蒸盘，用中火蒸约8分钟。6.关火，取出带鱼，淋上热油即成。

营养功效：带鱼有和中开胃、暖胃补虚的作用。此外，带鱼还含有较多的铁元素，爸妈经常食用带鱼，可预防缺铁性贫血。

蒜香大虾

⏱ 烹饪时间：2分钟
🍳 烹饪方法：热炒

 材料：基围虾230克，红椒30克，蒜末、葱花各少许

 调料：盐2克，鸡粉2克，食用油适量

做法：1.用剪刀剪去基围虾头须和虾脚，将虾背切开。2.洗好的红椒切成丝。3.热锅注油，烧至六成热，放入基围虾，炸至深红色。4.捞出炸好的虾，装入盘中，待用。5.锅底留油，放入蒜末，炒香。6.倒入炸好的基围虾，放入红椒丝，炒匀。7.加盐、鸡粉，炒匀调味。8.放入葱花，炒匀盛出即可。

营养功效：基围虾含有丰富的镁，能很好地保护心血管系统，可减少血液中胆固醇含量，降低血脂。经常食用此菜，可降低心脑血管发生疾病的概率。

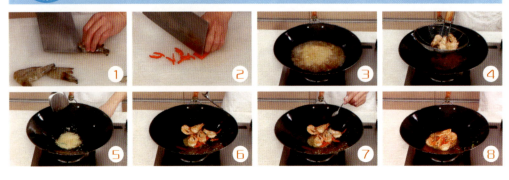

马蹄豌豆炒虾仁

⏱ 烹饪时间：3分钟
✗ 烹饪方法：热炒

材料： 马蹄100克，胡萝卜100克，豌豆100克，虾仁80克，姜片、蒜末、葱段各少许

调料： 料酒、盐、鸡粉、水淀粉、芝麻油、胡椒粉、食用油各适量

做法： 1.洗净的马蹄、胡萝卜、虾仁切粒。2.虾仁加料酒、盐、鸡粉、胡椒粉、水淀粉、芝麻油，腌渍。3.胡萝卜、豌豆、马蹄焯水后捞出。4.虾仁、姜片、蒜末、葱段入油锅炒香，倒入焯过水的食材，淋入料酒，炒匀，加盐、鸡粉、水淀粉，炒匀即可。

家常油爆虾

⏱ 烹饪时间：2分钟
✗ 烹饪方法：热炒

材料： 基围虾150克，红椒20克，蒜末、葱花各少许

调料： 盐、鸡粉各2克，豆瓣酱10克，料酒、食用油各适量

做法： 1.洗净的红椒切圈；洗净的基围虾剪去头须和虾脚，切开背部入油锅炸约1分钟。2.锅底留油，放入蒜末、红椒圈爆香，加入豆瓣酱，炒匀。3.基围虾入锅炒匀，放入葱花，炒匀，加盐、鸡粉，淋入少许料酒炒至入味即可。

虾仁炒豆芽

烹饪时间：3分钟
烹饪方法：热炒

材料： 黄豆芽100克，虾仁85克，红椒丝、青椒丝、姜片各少许

调料： 盐、鸡粉、料酒、水淀粉、食用油各适量

做法： 1.洗净的虾仁由背部切开，去除虾线；洗好的黄豆芽切去根部。2.虾仁装碗，加盐、料酒、水淀粉，拌匀。3.淋入食用油腌渍，备用。4.用油起锅，倒入虾仁，炒匀，放入姜片，炒香。5.放入红椒丝、青椒丝、黄豆芽，用大火快炒至食材变软。6.加盐、鸡粉、料酒、水淀粉，炒匀盛出即可。

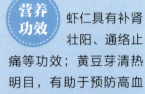

营养功效　虾仁具有补肾壮阳、通络止痛等功效；黄豆芽清热明目，有助于预防高血压。此菜可保护血管。

西芹木耳炒虾仁

🕐 烹饪时间：2分钟
✕ 烹饪方法：热炒

 材料：西芹75克，木耳40克，虾仁50克，胡萝卜片、姜片、蒜末、葱段各少许

 调料：盐、鸡粉、料酒、水淀粉、食用油各适量

做法：1.西芹切段，焯水；木耳切块，焯水。2.虾仁切开，去除虾线，加盐、鸡粉、水淀粉、食用油腌渍。3.胡萝卜片、姜片、蒜末倒入油锅爆香，倒入虾仁、料酒炒至变色。4.倒入木耳、西芹炒匀，加盐、鸡粉、水淀粉，撒上葱段，炒熟即成。

虾仁炒豆角

🕐 烹饪时间：2分钟
✕ 烹饪方法：热炒

 材料：虾仁60克，豆角150克，红椒10克，姜片、蒜末、葱段各少许

 调料：盐、鸡粉、料酒、水淀粉、食用油各适量

 做法：1.豆角切段；红椒切条；虾仁去虾线。2.虾仁加盐、鸡粉、水淀粉、食用油腌渍。3.清水烧开，放入食用油、盐，倒入豆角，搅匀，煮1分钟，捞出。4.姜片、蒜末、葱段倒入油锅爆香，倒入红椒、虾仁，炒匀，淋入料酒，倒入豆角，加鸡粉、盐、水，炒匀，用水淀粉勾芡，炒至熟透即可。

虾仁苋菜汤

🕐 烹饪时间：2分钟　　🍴 烹饪方法：焖煮

材料： 苋菜200克，肉末70克，虾仁65克，枸杞15克

调料： 盐、鸡粉、水淀粉、食用油各适量

做法： 1.将洗净的苋菜切成小段。2.洗好的虾仁由背部切开，去除虾线。3.把处理好的虾仁装入碗中，加入少许盐、鸡粉。4.再淋入适量水淀粉，拌匀上浆，腌渍一会儿，至其入味。5.锅中注入适量清水烧开，倒入适量食用油，加入少许盐、鸡粉。6.放入洗净的枸杞，再倒入肉末，搅匀。7.放入腌渍好的虾仁，用大火煮沸，至虾身弯曲。8.倒入苋菜，煮至熟软、入味，关火后盛出煮好的汤，装入汤碗中即成。

营养功效　枸杞有降血压、降胆固醇、护肝的作用；苋菜称为"长寿菜"，富含多种人体需要的维生素和矿物质。食用此菜能增强体质，提高机体的免疫力。

泡菜炒蟹

⏱ 烹饪时间：4分钟
🍳 烹饪方法：热炒

材料：泡佛手瓜150克，花蟹2只，姜片、蒜末、葱段各少许

调料：盐3克，水淀粉10毫升，生粉、鸡粉、料酒、豆瓣酱、食用油各适量

做法：1.洗净的花蟹去除外壳，斩开蟹肉，刮去脏物，去除脚趾，撒入适量生粉，拌匀上浆，入油锅炸至淡红色。2.姜片、蒜末、葱段倒入油锅爆香，倒入泡佛手瓜炒匀，倒入花蟹、料酒、豆瓣酱炒匀。3.加清水煮沸，加盐、鸡粉、水淀粉炒匀即成。

桂圆蟹块

⏱ 烹饪时间：2分钟
🍳 烹饪方法：热炒

材料：蟹块400克，桂圆肉100克，洋葱50克，姜片、洋葱片、葱段各少许

调料：料酒10毫升，生抽5毫升，生粉20克，盐2克，鸡粉2克

做法：1.洗净的蟹块装入盘中，撒上生粉，拌匀，放入油锅炸至鲜红色。2.锅底留油，放入洋葱片、姜片、葱段，爆香，倒入炸好的蟹块，淋入料酒。3.放入盐、鸡粉，淋入生抽，翻炒均匀。4.倒入桂圆肉，炒匀，盛出即可。

金沙蟹

烹饪时间：2分钟
烹饪方法：热炒

材料： 净花蟹2只，咸蛋黄50克，蒜末10克，香菜末少许

调料： 生粉、食用油各适量

做法： 1.洗净的花蟹外壳取下，去腮后切成块；将蟹脚拍破，装盘，撒入生粉，拌匀。2.将咸蛋黄用刀面压碎。3.蒜末入油锅炸至金黄色，捞出。4.油烧六成热，放入蟹块，炸3分钟捞出。5.锅底留油，倒入咸蛋黄，爆香，倒入蟹块、蒜末炒匀。6.撒入香菜末，炒均匀，将锅中蟹块夹出装盘即可。

营养功效

花蟹有通脉、补肝肾、生精髓、壮筋骨之功效；蛋黄的磷脂含量较高，是人体极需的营养物质。此菜滋补作用较好，适合爸妈经常食用。

花蟹炒年糕

⏱ 烹饪时间：3分钟
🍳 烹饪方法：热炒

 材料： 花蟹2只，年糕150克，姜末、上汤、蒜末、葱花各少许

 调料： 盐少许，嘉豪鸡粉、料酒、生粉、水淀粉、食用油各适量

做法： 1.花蟹处理好后，将蟹块装入盘内，撒上适量生粉，入油锅炸至鲜红色。2.年糕切块，滑油片刻后捞出。3.姜末、蒜末倒入油锅爆香，倒入蟹块炸熟，倒入少许上汤，加适量嘉豪鸡粉、盐调味。4.倒入年糕略炒，加少许料酒拌炒匀，加少许水淀粉勾芡，撒入葱花炒匀出锅即可。

干贝烧海参

⏱ 烹饪时间：2分钟
🍳 烹饪方法：热炒

 材料： 水发海参140克，干贝15克，红椒圈、姜片、葱段、蒜末各少许

 调料： 豆瓣酱10克，盐3克，鸡粉2克，蚝油4克，料酒5毫升，水淀粉、食用油各适量

 做法： 1.海参切小块，余水，捞出沥干；干贝压成细末。2.油烧四成热，放入干贝末炸半分钟，捞出。3.姜片、葱段、蒜末倒入油锅爆香，放入切好的红椒圈、海参，炒匀，淋入料酒。4.加豆瓣酱、蚝油、盐、鸡粉、水淀粉，炒熟盛出，撒上干贝末即可。

笋烧海参

🕐 烹饪时间：12分钟
🍴 烹饪方法：热炒

材料： 党参12克，冬笋70克，枸杞8克，水发海参300克，姜片、葱段各少许

调料： 白醋8毫升，料酒8毫升，生抽4毫升，盐、鸡粉、水淀粉、食用油各适量

做法： 1.冬笋切片；海参切块。2.砂锅中注清水烧开，放入党参，煮10分钟，盛入碗中。3.清水烧开，加白醋，倒入海参汆煮一会儿。4.把海参捞出。5.用油起锅，倒入姜片、葱段，爆香，倒入海参、料酒，炒香。6.放入生抽、冬笋，加入药汁，煮沸。7.放盐、鸡粉调味。8.放入枸杞，淋入水淀粉炒匀即可。

 营养功效 海参有补肾益精、养血润燥、消除疲劳的功效；冬笋不仅味道鲜美，还具有开胃清利的作用。此菜可调理身体，改善体质，预防疾病的发生。

桂圆炒海参

烹饪时间：2分钟
烹饪方法：热炒

材料：莴笋200克，水发海参200克，桂圆肉50克，枸杞、姜片、葱段各少许

调料：盐、鸡粉各少许，料酒10毫升，生抽5毫升，水淀粉5毫升，食用油适量

做法：1.莴笋切薄片。2.锅中注清水烧开，加盐、鸡粉，倒入海参、料酒煮1分钟。3.倒入莴笋、食用油，煮1分钟，捞出海参、莴笋，待用。4.用油起锅，放入姜片、葱段，爆香，倒入汆过水的莴笋、海参，炒匀。5.加入少许盐、鸡粉、生抽调味，倒入水淀粉勾芡。6.放入桂圆肉炒匀，盛出，撒上枸杞即可。

营养功效：海参具有补肾益精、健脾利胃、增强免疫力等功效；桂圆有健脑益智、补养心脾，安神等功效。此菜是滋补身体、延缓衰老的佳品。

芥菜牛蛙汤

烹饪时间：32分钟
烹饪方法：焖煮

材料： 芥菜100克，牛蛙200克，水发干贝10克，姜片少许

调料： 盐2克，鸡粉3克，料酒适量

做法： 1.洗净的芥菜切小段，备用。2.锅中注入适量清水烧开，倒入牛蛙块，淋入料酒，略煮一会儿，汆去血水，捞出汆煮好的牛蛙，装盘备用。3.砂锅中注清水，放入牛蛙、干贝、姜片。4.倒入芥菜，淋入料酒，拌匀。5.盖上盖，大火煮开后转小火煮30分钟。6.揭盖，加盐、鸡粉调味，装碗即可。

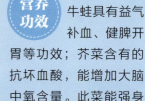

营养功效：牛蛙具有益气补血、健脾开胃等功效；芥菜含有的抗坏血酸，能增加大脑中氧含量。此菜能强身健体，增强体质。

彩椒炒牛蛙

🕐 烹饪时间：4分钟
✖ 烹饪方法：热炒

材料：牛蛙肉300克，彩椒200克，蒜末、姜片、葱白各少许

调料：盐、味精、老抽、蚝油、水淀粉、料酒、生粉、食用油各适量

做法：1.彩椒洗净，切块，焯水；牛蛙肉洗净斩块，加盐、味精、料酒、生粉腌渍10分钟，汆水。2.姜片、蒜末、葱白倒入油锅爆香，倒入牛蛙，加盐、味精、老抽翻炒入味。3.加彩椒、蚝油炒匀，倒入水淀粉勾芡。4.淋入熟油炒匀，盛出即可。

丝瓜炒蛤蜊

🕐 烹饪时间：3分钟
✖ 烹饪方法：热炒

材料：蛤蜊170克，丝瓜90克，彩椒40克，姜片、蒜末、葱段各少许

调料：豆瓣酱15克，盐、鸡粉各2克，生抽2毫升，料酒4毫升，水淀粉、食用油各适量

做法：1.洗净的蛤蜊切开，去除内脏，洗净；丝瓜、彩椒切小块。2.蛤蜊汆水后，捞出。3.姜片、蒜末、葱段入油锅爆香，倒入彩椒、丝瓜，炒软，放入蛤蜊、料酒炒匀。4.放入豆瓣酱，炒匀，加鸡粉、盐、清水、生抽，煮熟，入水淀粉勾芡，盛出即成。

莴笋炒蛤蜊

烹饪时间：2分钟
烹饪方法：热炒

材料： 莴笋、胡萝卜各100克，熟蛤蜊肉80克，姜片、蒜末、葱段各少许

调料： 盐少许，鸡粉2克，蚝油6克，料酒4毫升，水淀粉、食用油各适量

做法： 1.胡萝卜、莴笋切片。2.锅中清水烧开，加盐、食用油，倒入莴笋片、胡萝卜片，煮约1分钟。3.捞出，沥干水分。4.用油起锅，放入姜片、蒜末、葱段，爆香。5.倒入熟蛤蜊肉、料酒，炒匀。6.倒入莴笋片、胡萝卜片，炒熟。7.转小火，放入蚝油，加盐、鸡粉调味。8.倒入水淀粉炒匀，装盘即成。

营养功效： 蛤蜊是一种高蛋白、少脂肪的食物，对高血压有很好的食疗作用；胡萝卜对多种脏器有保护作用。经常食用此菜能稳定血压，改善体质。

西葫芦炒蛤蜊

⏱ 烹饪时间：2分钟
🍴 烹饪方法：热炒

 材料：西葫芦350克，彩椒45克，蛤蜊230克，蒜末、姜片、葱段各少许

 调料：盐2克，鸡粉2克，蚝油10克，料酒10毫升，水淀粉5毫升，食用油适量

 做法：1.西葫芦切厚片；彩椒切小块；将洗净的蛤蜊打开，去除内脏。2.西葫芦、彩椒焯水捞出；蛤蜊汆水后捞出。3.姜片、蒜末、葱段入油锅爆香，放入西葫芦、彩椒、蛤蜊，炒匀，加蚝油、料酒炒香。4.加盐、鸡粉调味，入水淀粉，炒匀即可。

芋头蛤蜊茼蒿汤

⏱ 烹饪时间：11分钟
🍴 烹饪方法：焖煮

 材料：香芋200克，茼蒿90克，蛤蜊180克，枸杞、蒜末各少许

 调料：盐2克，鸡粉2克，食用油适量

 做法：1.洗净去皮的香芋切段；将洗净的茼蒿切成段；将洗净的蛤蜊打开，去除内脏。2.用油起锅，放入蒜末爆香，倒入香芋，略炒，加清水、枸杞，盖上盖，烧开后煮5分钟。3.放入蛤蜊，加盐、鸡粉，搅匀调味，盖上盖，再煮3分钟，揭开盖，撇去汤中的浮沫。4.放入切好的茼蒿，拌匀，煮至熟软，盛出，装入汤碗中即可。

丝瓜蛤蜊豆腐汤

🕐 烹饪时间：8分钟　　🍳 烹饪方法：焖煮

材料： 蛤蜊400克，豆腐150克，丝瓜100克，姜片、葱花各少许

调料： 盐、鸡粉各2克，胡椒粉、食用油各适量

做法： 1.将洗净的丝瓜对半切开，切长条，再切成小块。2.洗好的豆腐切开，切成小方块。3.洗净的蛤蜊切开，去除内脏，清洗干净，待用。4.锅中注入适量清水烧开，加入少许食用油、盐、鸡粉，撒入姜片。5.倒入豆腐块，再放入处理干净的蛤蜊，搅拌匀。6.盖上盖，用大火煮约4分钟，至蛤蜊肉熟软。7.揭盖，倒入丝瓜块，搅匀，煮2分钟，至食材熟透。8.撒上胡椒粉，搅匀，续煮至汤汁入味，盛出，撒上葱花即成。

营养功效　蛤蜊对稳定血压、缓解血管压力有益处；丝瓜富含铜，对于血液、中枢神经和免疫系统有重要影响。此菜能促进机体新陈代谢，降低血压。

蛤蜊苦瓜汤

烹饪时间：5分钟
烹饪方法：焖煮

材料： 蛤蜊300克，苦瓜150克，姜片、葱花各少许

调料： 盐2克，鸡粉2克，食用油适量

做法： 1.洗好的苦瓜对半切片；洗净的蛤蜊掰开壳，去除内脏。2.锅中注食用油烧热，放入姜片，爆香。3.倒入苦瓜，翻炒片刻，注入清水，盖上盖，烧开后再煮2分钟。4.揭开锅盖，放入蛤蜊。5.盖上盖，续煮2分钟。6.揭盖，加盐、鸡粉，搅匀调味，用勺撇去锅中浮沫，装入汤碗，撒上葱花即可。

营养功效

苦瓜具有降血糖、降血压、调节血脂、提高免疫力的功效；蛤蜊含有降低血清胆固醇的物质。此菜能保护血管，预防心脑血管疾病的发生。

韭菜炒螺肉

🕒 烹饪时间：2分钟
🍳 烹饪方法：热炒

材料： 韭菜120克，田螺肉100克，彩椒35克

调料： 盐、鸡粉各2克，料酒5毫升，水淀粉、食用油各适量

做法： 1.将洗净的韭菜切成段；洗好的彩椒切成丝，再切成颗粒状小丁。2.用油起锅，倒入洗净的田螺肉，放入彩椒粒，翻炒一会儿。3.淋入少许料酒，炒匀提味。4.倒入切好的韭菜，翻炒片刻，至食材断生。5.加入盐、鸡粉，炒匀调味。6.倒入水淀粉，快速翻炒至食材熟透，盛出，装入盘中即成。

营养功效

韭菜含有挥发性精油及含硫化合物，常食有助于稳定血压；田螺肉是典型的高蛋白、低脂肪食品。此菜是防治高血脂、高血压的佳品。

素炒海带结

⏱ 烹饪时间：2分钟
🍳 烹饪方法：热炒

材料： 海带结300克，香干80克，洋葱60克，彩椒40克，葱段少许

调料： 盐2克，鸡粉2克，水淀粉4毫升，生抽、食用油各适量

做法： 1.香干、洋葱、彩椒洗净切条；海带结焯水。2.香干、洋葱、彩椒倒入油锅炒匀。3.放入焯过水的海带结，快速翻炒匀。4.加入适量生抽、盐、鸡粉，炒匀调味，倒入水淀粉，炒匀即可。

海带虾仁炒鸡蛋

⏱ 烹饪时间：2分钟
🍳 烹饪方法：热炒

材料： 海带85克，处理好的虾仁75克，鸡蛋3个，葱段少许

调料： 盐、鸡粉、料酒、生抽、水淀粉、芝麻油、食用油各适量

做法： 1.海带切小块，焯水；虾仁加料酒、盐、鸡粉、水淀粉、芝麻油腌渍。2.鸡蛋加盐、鸡粉搅匀，入油锅炒至凝固。3.用油起锅，倒入虾仁，炒至变色，加入海带炒匀。4.加料酒、生抽、鸡粉调味，倒入鸡蛋、葱段，炒匀即可。

芸豆海带炖排骨

🕐 烹饪时间：47分钟
🍴 烹饪方法：炖煮

 材料：排骨段400克，水发芸豆100克，海带100克，枸杞15克，姜片少许

 调料：盐3克，鸡粉2克，料酒5毫升

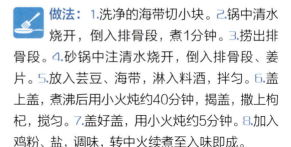 **做法**：1.洗净的海带切小块。2.锅中清水烧开，倒入排骨段，煮1分钟。3.捞出排骨段。4.砂锅中注清水烧开，倒入排骨段、姜片。5.放入芸豆、海带，淋入料酒，拌匀。6.盖上盖，煮沸后用小火炖约40分钟，揭盖，撒上枸杞，搅匀。7.盖好盖，用小火炖约5分钟。8.加入鸡粉、盐，调味，转中火续煮至入味即成。

营养功效：海带含有藻胶酸、昆布素、谷氨酸、维生素、碘等营养成分；芸豆含有皂苷和多种免疫球蛋白。此菜能提高人体免疫能力、增强抗病能力。

PART 6

营养主食

主食是碳水化合物、淀粉的主要摄入源，而碳水化合物是构成细胞非常重要的成分。主食是人们餐桌上的一大主角。

本章主要介绍一些老爸老妈爱吃的又健康的主食，包括蒸饭、炒饭、炒面、炒粉、水饺等，并且详细介绍了所做主食的材料、调料、做法、营养功效等。

苋菜炒饭

🕐 烹饪时间：2分钟
🍳 烹饪方法：热炒

材料：米饭200克，苋菜100克，蒜末少许

调料：盐2克，芝麻油、食用油各适量

做法：1.将洗净的苋菜切成小段，装入盘中，待用。2.用油起锅，放入蒜末，爆香。3.倒入切好的苋菜，快速翻炒一会儿，至其变软。4.倒入备好的米饭，炒匀、炒散，再加入盐，炒匀调味。5.淋入适量芝麻油。6.翻炒一会儿，至食材熟软、入味，关火后盛出炒好的米饭，装入盘中即成。

营养功效　苋菜有利于提高机体免疫力，此外，苋菜的活血、造血功能较强，能促进血液循环、软化血管。这道炒饭对血管有很好的保护作用。

茼蒿萝卜干炒饭

🕐 烹饪时间：2分钟　　🍳 烹饪方法：热炒

 材料： 米饭150克，茼蒿80克，萝卜干40克，胡萝卜40克，水发香菇35克，葱花少许

 调料： 盐3克，鸡粉2克，食用油适量

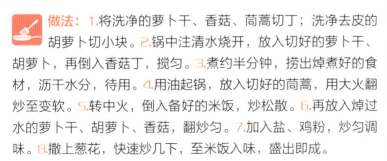 **做法：** 1.将洗净的萝卜干、香菇、茼蒿切丁；洗净去皮的胡萝卜切小块。2.锅中注清水烧开，放入切好的萝卜干、胡萝卜，再倒入香菇丁，搅匀。3.煮约半分钟，捞出焯煮好的食材，沥干水分，待用。4.用油起锅，放入切好的茼蒿，用大火翻炒至变软。5.转中火，倒入备好的米饭，炒松散。6.再放入焯过水的萝卜干、胡萝卜、香菇，翻炒匀。7.加入盐、鸡粉，炒匀调味。8.撒上葱花，快速炒几下，至米饭入味，盛出即成。

 营养功效　萝卜干有降低血脂、软化血管、稳定血压的作用；茼蒿含有一种挥发性的精油，具有降血压、补脑的作用。这道炒饭能预防心血管疾病的发生。

干贝蛋炒饭

烹饪时间：3分钟
烹饪方法：热炒

 材料： 冷米饭180克，干贝40克，鸡蛋1个，葱花少许

 调料： 盐、鸡粉各2克，食用油适量

做法： 1.洗净的干贝拍碎。2.鸡蛋打入碗中，调制成蛋液。3.热锅注油，烧至三四成热，放入干贝，搅匀，炸至金黄色，捞出，装盘待用。4.锅留底油烧热，倒入蛋液，炒散呈蛋花状。5.倒入米饭，炒至松散，加入盐、鸡粉，炒匀调味。6.撒上干贝，炒匀，倒入葱花，炒出香味，关火后盛出米饭即可。

营养功效 鸡蛋具有益智健脑、保护肝脏、延缓衰老等功效；干贝有降血压、降胆固醇的作用。这道炒饭能辅助预防心脑血管疾病的发生。

雪菜虾仁炒饭

⏱ 烹饪时间：4分钟
🍴 烹饪方法：热炒

材料： 冷米饭170克，虾仁50克，雪菜70克，葱花少许

调料： 盐、鸡粉、胡椒粉、水淀粉、芝麻油、食用油各适量

做法： 1.洗净的雪菜切碎；洗净的虾仁切小块，虾仁加盐、鸡粉、水淀粉腌渍。2.锅中清水烧开，倒入食用油、雪菜，煮半分钟，捞出。3.用油起锅，放入虾仁，炒至变色，倒入米饭，炒松散，放入雪菜，炒至熟透。4.加入盐、鸡粉、胡椒粉，淋入芝麻油，炒出香味，撒上葱花，炒香即可。

蛤蜊炒饭

⏱ 烹饪时间：3分钟
🍴 烹饪方法：热炒

材料： 蛤蜊肉50克，洋葱40克，鲜香菇35克，胡萝卜50克，彩椒40克，芹菜25克，大米饭、糙米饭各100克

调料： 盐2克，鸡粉2克，胡椒粉少许，芝麻油2毫升，食用油适量

做法： 1.洗净胡萝卜、香菇、芹菜、彩椒、洋葱切粒。2.清水烧开，倒入胡萝卜、香菇，煮半分钟捞出。3.用油起锅，倒入芹菜、彩椒、洋葱，炒香，入大米饭、糙米饭，炒松散，加蛤蜊肉、胡萝卜和香菇炒匀。4.加盐、鸡粉、胡椒粉、芝麻油，炒匀即可。

南瓜鸡肉红米饭

烹饪时间：62分钟
烹饪方法：清蒸

材料： 南瓜120克，鸡胸肉100克，水发红米180克，葱花少许

调料： 盐、鸡粉各少许，生抽3毫升，料酒4毫升，水淀粉、食用油各适量

做法： 1.南瓜、鸡胸肉切丁。2.鸡肉丁用盐、鸡粉、水淀粉、食用油，腌渍。3.用油起锅，倒鸡肉丁，炒至变色。4.入料酒、南瓜丁、生抽，炒香。5.加鸡粉、盐，炒至入味，装盘，即成酱料。6.取蒸碗，倒入红米、酱料拌匀，注清水，静置。7.蒸碗放入蒸锅。8.小火蒸1小时，取出，撒上葱花即可。

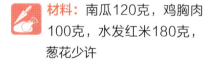

营养功效 南瓜有保护胃黏膜，防止胃炎、胃溃疡等疾患发生的作用，有助于人体消化。红米能延缓衰老、改善缺铁性贫血。此饭保健效果好，适合爸妈经常食用。

三色饭团

⏱ 烹饪时间：2分钟
🍴 烹饪方法：凉拌

材料： 菠菜45克，胡萝卜35克，冷米饭90克，熟蛋黄25克

调料： 芝麻油适量

做法： 1.熟蛋黄碾成末；洗净的胡萝卜切粒。2.菠菜焯水，捞出。3.沸水锅中放入胡萝卜，焯煮后捞出，沥干水分，待用。4.将放凉的菠菜切开，待用。5.取一大碗，倒入米饭、菠菜、胡萝卜，放入蛋黄，淋入芝麻油，和匀至其有黏性。6.将拌好的米饭制成几个大小均匀的饭团，放入盘中，摆好即可。

营养功效 胡萝卜具有强心、增强免疫力等功效；鸡蛋富含DHA和卵磷脂、卵黄素，能健脑益智，改善记忆力。此饭能延缓衰老，预防疾病的发生。

萝卜青菜饭卷

- 烹饪时间：4分钟
- 烹饪方法：热炒

材料： 猪肉末50克，鸡蛋1个，洋葱30克，胡萝卜20克，米饭160克，小白菜、海苔各少许

调料： 盐2克，鸡粉2克，料酒3毫升，食用油适量

做法： 1.小白菜切碎；洋葱、胡萝卜切粒。2.鸡蛋入碗，搅成蛋液。3.蛋液入油锅炒熟，盛出。4.用油起锅，入肉末、料酒略炒。5.倒入洋葱、胡萝卜、米饭，炒匀。6.倒入鸡蛋、白菜，加盐、鸡粉调味，装盘，即成馅料。7.馅料放在海苔上，铺平。8.卷起海苔，压紧，装盘，分切成小段即可。

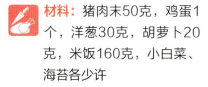

猪肉可提供血红素和促进铁吸收的半胱氨酸，能改善缺铁性贫血。海苔具有化痰软坚、增强免疫力等功效；此饭卷能改善虚弱体质，增强活力。

红豆玉米饭

⏱ 烹饪时间：31分钟
🍳 烹饪方法：蒸煮

材料：鲜玉米粒85克，水发红豆75克，水发大米200克

调料：白糖适量

做法：1.砂锅中注入适量清水，用大火烧热。2.倒入备好的红豆、大米，搅拌均匀，放入洗净的玉米粒，加少许白糖拌匀。3.盖上锅盖，烧开后用小火煮约30分钟至食材熟软。4.揭开锅盖，关火后盛出煮好的饭即可。

绿豆薏米饭

⏱ 烹饪时间：41分钟
🍳 烹饪方法：蒸煮

材料：水发绿豆30克，水发薏米30克，水发糙米50克

调料：白糖适量

做法：1.将准备好的食材装入碗中，混合均匀。2.倒入适量清水，备用。3.将装有食材的碗放入烧开的蒸锅中，加入少许白糖搅拌均匀。4.盖上锅盖，用中火蒸40分钟，至食材完全熟透，揭开盖，把蒸好的绿豆薏米饭取出即可。

凉薯糙米饭

🕐 烹饪时间：42分钟
🍴 烹饪方法：清蒸

材料：凉薯80克，水发糙米120克，百合15克，枸杞少许

调料：盐2克

做法：1.洗净去皮的凉薯切粒；洗净的百合切成小块，备用。2.洗净的糙米装入碗中，倒入适量清水，加盐。3.放入烧开的蒸锅中。4.盖上盖，用大火蒸20分钟，至糙米熟软。5.揭开盖，在碗中放入切好的凉薯、百合，撒入洗净的枸杞。6.盖上盖，再蒸20分钟，把糙米饭取出即可。

营养功效：糙米能促进胆固醇的排出，有助于调节人的心脏活动，预防心脏疾病；凉薯有降血压、降血脂的作用。此饭可稳定血压，保护心脏。

鲈鱼西蓝花粥

⏱ 烹饪时间：42分钟　　🍴 烹饪方法：蒸煮

材料：水发大米120克，鲈鱼150克，西蓝花75克，枸杞少许

调料：盐、鸡粉各2克，水淀粉适量

做法：1.洗净的西蓝花切去根部，再切成小朵；洗净的鲈鱼肉去除鱼骨，取出鱼肉切细丝。2.把鱼肉丝装入碗中，加入盐、鸡粉，淋入少许水淀粉。3.拌匀，腌渍约10分钟，至其入味，备用。4.砂锅中注入适量清水烧开，倒入洗净的大米、枸杞，拌匀。5.盖上盖，烧开后用小火煮约30分钟。6.揭开盖，倒入西蓝花，拌匀。7.再盖上盖，用小火续煮约10分钟至食材熟透。8.揭开盖，放入鱼肉丝，搅拌匀，用大火煮至熟，关火盛出即可。

营养功效　鲈鱼含有蛋白质、维生素B₂、烟酸、磷、铁等营养成分，有补肝肾、健脾胃等功效；西蓝花能促进新陈代谢。此粥是养生食疗的佳品。

藕丁西瓜粥

烹饪时间： 61分钟
烹饪方法： 蒸煮

材料： 莲藕150克，西瓜200克，大米200克

调料： 白糖适量

做法： 1.洗净去皮的莲藕切成片，再切条，改切成丁。2.西瓜切成瓣，去皮，再切成块，备用。3.砂锅中注入适量清水烧热，倒入洗净的大米，搅匀。4.盖上锅盖，煮开后转小火煮40分钟至其熟软。5.揭开锅盖，倒入藕丁、西瓜，再盖上锅盖，用中火煮20分钟。6.加入适量白糖搅匀，盛出即可。

营养功效

莲藕含有淀粉、蛋白质及多种矿物质；西瓜具有清热解暑、泻火除烦、降血压等作用。此粥能辅助调节情绪，缓解心烦失眠的症状。

苦瓜胡萝卜粥

> 烹饪时间：41分钟
> 烹饪方法：蒸煮

材料： 水发大米140克，苦瓜45克，胡萝卜60克

调料： 白糖适量

做法： 1.将洗净去皮的胡萝卜切片，再切条，改切成粒。2.洗净的苦瓜切开，去瓜瓤，再切条形，改切成丁，备用。3.砂锅中注入适量清水烧开，倒入备好的大米、苦瓜、胡萝卜，加入适量白糖搅拌均匀。4.盖上锅盖，烧开后用小火煮约40分钟至食材熟软，揭开锅盖，搅拌一会儿，关火后盛出煮好的粥即可。

核桃蔬菜粥

> 烹饪时间：37分钟
> 烹饪方法：蒸煮

材料： 胡萝卜120克，豌豆65克，核桃粉15克，水发大米120克，白芝麻少许

调料： 芝麻油少许

做法： 1.将洗净去皮的胡萝卜切段；胡萝卜、豌豆焯水后捞出，均剁成末。2.砂锅中注清水烧开，倒入洗净的大米，搅拌，盖上锅盖，烧开后用小火煮约20分钟。3.倒入豌豆、胡萝卜，搅匀，撒上白芝麻，搅匀，用中火续煮15分钟至食材熟透。4.揭开锅盖，倒入核桃粉，搅拌均匀，淋入少许芝麻油，搅匀，关火后盛出煮好的粥。

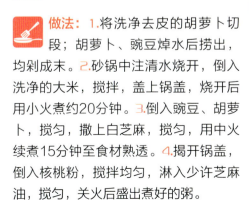

荞麦凉面

烹饪时间： 6分钟
烹饪方法： 凉拌

材料： 荞麦面条100克，熟牛肉60克，胡萝卜45克，西蓝花、黄瓜、豆干各适量

调料： 生抽2毫升，盐、鸡粉、老抽、料酒、水淀粉、食用油各适量

做法： 1.黄瓜、豆干、胡萝卜切丝；熟牛肉切片；西蓝花切小块。2.清水烧开，放入盐、鸡粉、面条搅匀。3.加食用油，煮3分钟捞出。4.面条过凉水，滤出装盘。5.胡萝卜、西蓝花、黄瓜入油锅炒匀。6.加料酒、清水，放入牛肉、豆干拌炒。7.加鸡粉、盐、生抽、老抽炒匀。8.用水淀粉勾芡即成。

营养功效： 牛肉脂肪含量较低，有利于预防动脉硬化、高血压和冠心病；荞麦能降低血脂和胆固醇、软化血管。这道凉面可预防心脑血管出血，调节血脂。

鸡蛋羹拌面

烹饪时间：5分钟
烹饪方法：水煮

材料： 面条175克，黄豆芽35克，鸡蛋羹、洋葱末、肉末、姜末、蒜末各少许

调料： 盐、五香粉各2克，鸡粉1克，生抽2毫升，料酒、水淀粉、食用油各适量

做法： 1.用油起锅，倒入肉末、料酒，炒匀，加姜末、蒜末，炒香，倒入洋葱末。2.加开水、盐、生抽、鸡粉、五香粉调味。3.用水淀粉勾芡，盛出，制成肉末酱。4.清水烧开，放入面条煮3分钟，捞出。5.面汤煮沸，入黄豆芽，煮半分钟捞出。6.取盘子，倒入面条、豆芽、鸡蛋羹、肉末酱，拌匀即可。

营养功效 黄豆芽具有清热解毒、利尿除湿、降血压等功效；鸡蛋中的蛋白质对肝脏组织损伤有修复作用。此拌面能养肝、护肝，预防肝脏疾病的发生。

家常炒油面

🕐 烹饪时间：3分钟
🍴 烹饪方法：热炒

材料： 油面150克，包菜30克，鸡蛋2个，芹菜40克，彩椒20克，香菇片25克

调料： 盐、鸡粉各2克，老抽少许，生抽4毫升，食用油适量

做法： 1.彩椒切粗丝；芹菜切长段；包菜切粗丝；鸡蛋打入碗中，调成蛋液。2.清水烧开，放油面拌匀，煮2分钟捞出。3.用油起锅，倒入蛋液，边倒边搅拌，再快速炒散。4.撒上彩椒丝、芹菜段，放入香菇片，炒匀，倒入煮好的油面，炒匀。5.加入生抽、老抽、盐、鸡粉调味，6.放入包菜炒熟即可。

营养功效 芹菜有平肝清热、凉血止血、清肠利便、降血压等功效；面条可为人体提供丰富的营养素。这道炒油面可降低血压、提高人体免疫功能。

洋葱猪肝炒面

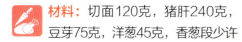

烹饪时间：3分钟
烹饪方法：热炒

材料： 切面120克，猪肝240克，豆芽75克，洋葱45克，香葱段少许

调料： 盐少许，鸡粉1克，生抽5毫升，老抽2毫升，料酒4毫升，水淀粉、食用油各适量

做法： 1.洋葱、猪肝切片，猪肝用盐、料酒、水淀粉，腌渍15分钟。2.切面入沸水锅煮至熟软，捞出；猪肝滑油后捞出。3.锅中油烧热，放入面条炒匀，倒入豆芽、洋葱，炒至变软，倒入猪肝，炒香。4.加盐、生抽、老抽、鸡粉，炒匀调味，关火后盛出炒面，放上少许香葱段即可。

炒乌冬面

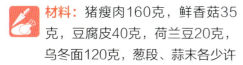

烹饪时间：3分钟
烹饪方法：热炒

材料： 猪瘦肉160克，鲜香菇35克，豆腐皮40克，荷兰豆20克，乌冬面120克，葱段、蒜末各少许

调料： 盐1克，生抽3毫升，食用油适量

做法： 1.锅中清水烧开，放入乌冬面，煮软捞出，倒入洗净的豆腐皮，略煮捞出。2.倒入鲜香菇略煮，捞出放凉，切粒；豆腐皮切细丝；洗净的猪瘦肉剁碎。3.用油起锅，倒入肉末、葱段、蒜末，炒香，入乌冬面、豆腐皮、鲜香菇、荷兰豆，炒匀。4.加盐、生抽，拌炒均匀，盛出即可。

空心菜肉丝炒荞麦面

烹饪时间：2分钟
烹饪方法：热炒

材料： 空心菜120克，荞麦面180克，胡萝卜65克，瘦肉丝35克

调料： 盐、鸡粉各少许，老抽、料酒各2毫升，生抽、水淀粉、食用油各适量

做法： 1.胡萝卜切细丝；瘦肉丝用盐、生抽、料酒、水淀粉，腌渍。2.清水烧开，倒入荞麦面，煮熟后捞出。3.热锅注油烧热，倒入瘦肉丝，滑油半分钟捞出。4.尽油起锅，倒入空心菜梗、荞麦面，炒匀，倒入瘦肉丝、胡萝卜丝。5.炒至八成熟，入空心菜叶。6.加盐、生抽、老抽、鸡粉，炒至入味即成。

营养功效

空心菜有清热解毒、增强免疫力等功效；荞麦中含有丰富的维生素P，可以增强血管的弹性、韧性和致密性。此面有保护血管的作用。

肉丝包菜炒面

烹饪时间：3分钟
烹饪方法：热炒

材料： 面条120克，包菜180克，瘦肉50克，黄瓜45克，胡萝卜70克，彩椒20克

调料： 盐少许，鸡粉2克，料酒4毫升，水淀粉6毫升，生抽5毫升，食用油适量

做法： 1.瘦肉、包菜、胡萝卜、彩椒、黄瓜切细丝。2.肉丝用盐、料酒、水淀粉、食用油腌渍。3.面条入沸水煮熟，捞出；肉丝入油锅略炸捞出。4.用油起锅，倒入胡萝卜、彩椒、包菜，翻炒，倒入面条，加盐、鸡粉、生抽，拌匀，放肉丝、黄瓜炒匀即可。

西红柿碎面条

烹饪时间：2分钟
烹饪方法：水煮

材料： 西红柿100克，龙须面150克，清鸡汤400毫升

调料： 芝麻油适量

做法： 1.在洗净的西红柿上划上十字花刀，放入沸水中，略煮片刻，捞出，放入凉水中浸泡片刻。2.将西红柿剥去皮，切成片，再切丝，改切成丁，备用。3.锅中注入适量清水烧开，倒入龙须面，煮至熟软，将面条捞出，沥干水分，装入碗中，待用。4.热锅注油，放入西红柿，翻炒片刻，倒入清鸡汤，略煮，关火后将煮好的汤盛入面中，淋入适量芝麻油即可。

蟹味酸椰面

🕐 烹饪时间：6分钟
🍴 烹饪方法：水煮

 材料：板面200克，红椒30克，香菜叶10克，蟹柳65克，椰奶75毫升，猪骨高汤550毫升

 调料：盐少许，白醋5毫升

 做法：1.洗净的红椒切粗条。2.蟹柳切段。3.锅中注清水烧开，放入板面。4.拌匀，煮4分钟。5.捞出板面，沥干水分。6.另起锅，倒入猪骨高汤，放入椰奶，加入少许盐。7.拌匀，煮至汤汁沸腾，淋入白醋，调成汤料。8.取一个汤碗，放入面条、蟹柳、红椒，盛入汤料，点缀上香菜叶，拌匀即成。

营养功效：蟹柳含有蛋白质、钙、磷等营养成分，具有促进消化、提高免疫力等功效；椰奶能清除体内毒素；此面可改善体质，降低患病概率。

茼蒿清汤面

⏱ 烹饪时间：7分钟
🍳 烹饪方法：水煮

材料： 挂面90克，茼蒿80克，葱花少许

调料： 盐3克，鸡粉2克，食用油适量

做法： 1.锅中注入适量清水，用大火烧开，放入盐、鸡粉。2.倒入适量食用油。3.将挂面倒入锅中。4.用筷子将挂面搅散，煮5分钟至面条七成熟。5.加入洗净的茼蒿，拌匀，煮至食材熟软，放入葱花，拌匀。6.略煮片刻，起锅，盛出锅中的材料，装入汤碗中即可。

营养功效 茼蒿含有较多的胡萝卜素，可以对抗人体的自由基，起到降血糖、降血压的作用。此面能防治高血压、高血糖，适合爸妈经常食用。

泥鳅面

> 烹饪时间：7分钟
> 烹饪方法：水煮

材料： 面条90克，泥鳅65克，黄豆酱20克，葱花、彩椒粒各少许

调料： 盐3克，料酒、食用油各适量

做法： 1.泥鳅装碗，加盐、清水，去除黏液。2.切去泥鳅头部，去除内脏，清理干净。3.油烧至五成热，放入泥鳅，炸至呈微黄色。4.捞出泥鳅沥干油。5.锅底留油烧热，倒入黄豆酱炒香。6.放入泥鳅拌匀。7.加料酒、清水，煮沸。8.撇去浮沫，放入面条搅匀，煮5分钟盛出，撒上葱花、彩椒粒即可。

营养功效

泥鳅含有优质蛋白质、维生素A，具有补中益气、益肾助阳、祛湿止泻、暖脾胃、止虚汗等功效。此面对人体有很好的滋补作用，可改善体虚。

南瓜鸡蛋面

⏱ 烹饪时间：6分钟
✗ 烹饪方法：水煮

材料：切面300克，鸡蛋1个，紫菜10克，海米15克，小白菜25克，南瓜70克

调料：盐2克，鸡粉2克

做法：1.将洗净去皮的南瓜切开，再切成薄片，备用。2.锅中注清水烧开，倒入海米、紫菜、南瓜片，大火煮至断生，放入面条，拌匀，再煮至沸腾。3.加入盐、鸡粉，放入洗净的小白菜，拌匀，煮至变软，捞出食材，放入汤碗中，待用。4.锅中留下的面汤煮沸，打入鸡蛋，用中小火煮至成形，盛出荷包蛋，摆放在碗中即可。

鹌鹑蛋龙须面

⏱ 烹饪时间：4分钟
✗ 烹饪方法：水煮

材料：龙须面120克，熟鹌鹑蛋75克，海米10克，生菜叶30克

调料：盐2克，食用油适量

做法：1.洗净的生菜叶切碎，备用。2.砂锅中注入适量清水烧开，淋入少许食用油，撒上海米，略煮片刻。3.放入折断的龙须面，拌匀，煮至软，盖上盖，用中火煮约3分钟，至其熟透。4.揭盖，加盐，倒入熟鹌鹑蛋，拌匀，煮至汤汁沸腾，放入生菜，拌煮至断生，盛出即可。

牛肉粒炒河粉

烹饪时间： 6分钟
烹饪方法： 热炒

材料： 河粉、牛肉、韭菜、洋葱、豆芽、小白菜、白芝麻、蒜片、彩椒各适量

调料： 盐、鸡粉、生抽、料酒、老抽、食粉、食用油、水淀粉各适量

做法： 1.小白菜切段；洋葱、牛肉、彩椒切丁；韭菜切小段。2.牛肉加生抽、料酒、食粉、水淀粉、食用油腌渍。3.牛肉入油锅略炸，捞出。4.蒜片、洋葱入油锅爆香，入豆芽炒匀。5.倒入河粉拌匀，加盐、鸡粉、生抽、老抽，炒熟。6.倒入小白菜、彩椒、韭菜、牛肉，炒匀盛出，撒上白芝麻即可。

营养功效

牛肉具有益气补血、滋养脾胃、强健筋骨等功效；河粉能为机体补充丰富的营养物质。经常食用这道炒河粉，能强身健体、增强活力。

芹菜猪肉炒河粉

⏱ 烹饪时间：3分钟
🍳 烹饪方法：热炒

材料： 河粉700克，瘦肉70克，芹菜50克，葱白少许

调料： 盐、鸡粉各少许，味精2克，生抽5毫升，老抽2毫升，水淀粉2毫升，食用油适量

做法： 1.洗净的芹菜切成3厘米长的段，备用；洗净的瘦肉切成片。2.肉片加盐、鸡粉，淋入水淀粉，拌匀，加入食用油，腌渍10分钟至入味。3.用油起锅，倒入肉片，炒至转色，盛出，备用，用油起锅，放入河粉，翻炒均匀。4.倒入芹菜、葱白，炒匀，加入盐、味精，倒入生抽、老抽，炒匀调味，倒入肉片炒匀即可。

西红柿鸡蛋河粉

⏱ 烹饪时间：4分钟
🍳 烹饪方法：水煮

材料： 西红柿100克，河粉400克，鸡蛋1个，炸蒜片、葱花各少许

调料： 盐2克，鸡粉3克，生抽、食用油各适量

做法： 1.将洗净的西红柿横刀切片；锅中注清水烧开，倒入河粉，煮至熟软，盛出装入碗中备用。2.用油起锅，打入鸡蛋，煎约1分钟至其成形，倒入西红柿，注入清水。3.加入盐、鸡粉、生抽，拌匀，稍煮片刻至其入味。4.关火，将煮好的西红柿鸡蛋汤液盛入装有河粉的碗中，放上炸蒜片、葱花即可。

白菜香菇饺

🕐 烹饪时间：5分钟　　🍴 烹饪方法：清蒸

材料： 大白菜300克，胡萝卜100克，鲜香菇40克，生姜20克，花椒少许，饺子皮数张

调料： 老抽2毫升，白糖5克，芝麻油3毫升，盐2克，鸡粉2克，五香粉少许，食用油适量

做法： 1.大白菜、香菇切粒；胡萝卜切丝；生姜剁成末。2.用油起锅，倒入花椒爆香，盛出。3.锅底留油，倒入香菇，炒匀，加老抽、白糖，炒出香味，盛出。4.将白菜、胡萝卜装碗，倒入芝麻油，拌匀，加香菇、姜末，抓匀。5.放花椒、盐、鸡粉、五香粉制成馅料。6.取饺子皮，边缘沾水，放适量馅料，收口，捏成三角形，制成生坯。7.蒸盘刷一层食用油，放上饺子生坯，再放入烧开的蒸锅中。8.大火蒸至饺子熟透，取出即可。

营养功效 胡萝卜有利于保持体内血压的平衡；白菜为身体增强抵抗力，有预防感冒和消除疲劳的功效。该饺子能增强体质，提高机体抗病能力。

芝麻香芋饺

烹饪时间： 4分钟
烹饪方法： 清蒸

 材料： 香芋300克，芝麻15克，熟猪油15克

 调料： 盐2克，白糖4克，食用油适量

做法： 1.香芋切片，入蒸锅蒸熟，取出，压成泥状。2.芝麻入油锅炒熟，盛出。3.香芋泥入油锅炒熟，装碗，放入芝麻、熟猪油，加盐、白糖，搅制成芝麻香芋馅。4.取饺子皮，放馅料，收口捏紧，制成生坯。5.蒸盘刷上食用油，放上饺子生坯，入烧开的蒸锅中。6.大火蒸至饺子熟透，取出即可。

营养功效 香芋可以帮助身体排出多余的钠，从而有助于降血压；芝麻能补肝肾，益精血，润肠燥。该饺子可防治血虚津亏，肠燥便秘等。

西葫芦蛋饺

- 烹饪时间：4分钟
- 烹饪方法：煎炸

材料： 西葫芦80克，竹笋70克，胡萝卜50克，鸡蛋2个，肉末50克，蒜末、葱花各少许

调料： 盐3克，生抽5毫升，芝麻油2毫升，鸡粉、食用油各适量

做法： 1.鸡蛋打入碗中，加盐搅匀。2.洗净的竹笋、胡萝卜、西葫芦切粒，焯水后捞出。3.用油起锅，倒入肉末，炒松散，放入蒜末，爆香，倒入焯好的食材，炒匀。4.加生抽、盐、鸡粉、芝麻油，炒匀盛出。5.用油起锅，倒入蛋液，煎成蛋皮后取馅料放入其中。6.蛋皮对折，小火煎成形，盛出，撒上葱花即可。

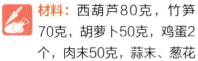

营养功效 竹笋可减少人体对脂肪的吸收，降低高血压发病概率；西葫芦可刺激机体产生干扰素，提高免疫力。该饺子能辅助稳定血压。